U0122777

大我為先：改變自己、改變企業、改變世界
邁向世界第一的製衣企業（增訂第2版）

著　　　者	：	羅樂風
編　　　撰	：	嚴啟明、文振球@Write4U
設　　　計	：	余奉祖、余天養@Creation House
出　版　人	：	文灼非
出　　　版	：	灼見名家傳媒有限公司
		香港黃竹坑道21號環匯廣場10樓1002室
電　　　話	：	2818 3011
傳　　　真	：	2818 3022
電　　　郵	：	contact@master-insight.com
網　　　址	：	master-insight.com
發　　　行	：	香港聯合書刊物流有限公司
		香港新界大埔汀麗路36號中華商務印刷大廈3字樓
分色、印刷	：	利高印刷有限公司
		香港葵涌大連排道192-200號偉倫中心二期11樓
出　版　日　期	：	2017年5月增訂第2版
定　　　價	：	港幣$128
國　際　書　號	：	978-988-13910-5-6
圖　書　分　類	：	企業管理、經營哲學

版權所有　不得翻印
All Rights Reserved
© 2017 Crystal Knitters Ltd.
Published & Printed in Hong Kong

增訂第 2 版

改變自己
改變企業
改變世界

邁向世界第一
的製衣企業

晶苑集團入選
美國《財富》雜誌
「2016 改變世界」
全球 50 家企業榜單

大我為先

羅樂風　著

目錄

柳井正先生序

柳井正先生乃日本迅銷有限公司（Fast Retailing）
主席兼首席執行長，
經營UNIQLO「優衣庫」品牌

    I would like to start by congratulating Mr Kenneth Lo for publishing this great book presenting his business philosophy. It is a book that should benefit not only those who work in our industry but also all business people. Hong Kong is in a unique position, where you can dream of growing your business and make it happen. Mr Lo has demonstrated and exemplified it all these years. He is a role model for all business people and he has showcased the degree of success you can achieve.

    When I first met Mr Lo, I was struck because I found his philosophy of building and managing business echoing mine. I had never met anybody like him before. We share the same value of building trust and keeping promises as a value of utmost importance. On top of it, there was good chemistry between us and I found the time spent with Mr Lo very stimulating. Obviously, we have gotten along well all these years.

    I am convinced that this book should provide its readers with some new insights. I would like, in particular, to encourage young people to read this book, if they aspire to take on the challenges and opportunities in Hong Kong, Asia and around the world.

Tadashi Yanai

【譯文】

　　首先，謹此恭賀羅樂風先生出版此冊闡釋其營商哲學的書籍，相信無論對製衣業及商界讀者均有裨益。香港地位獨特，乃營商者實現夢想的樂土；羅先生創業於斯數十年，既為成功的典範，亦能鼓勵其他生意人見賢思齊，以其成功作榜樣。

　　回想初逢羅先生之際，已感驚訝，除因大家同樣以誠信守諾為最重要的價值外，營商理念上，彼此竟有不少相通及共鳴之處！歷年來，大家發揮化學作用，互相激勵、合作無間。

　　我深信此書可以帶給讀者嶄新的真知灼見。尤其推薦予卓具抱負，有志於香港、亞洲、全世界尋找未來機遇及挑戰的年輕人。

柳中正

陳裕光博士序

陳裕光博士乃大家樂集團前主席、
傳承學院榮譽主席、
美國《商業周刊》「亞洲之星」大獎得主

有緣遇上，有幸見識

像羅樂風先生這樣成功的創業者本來就不多，像他這樣認真寫作的企業家更少，而像他這樣開誠布公地分享其成功之道的就真是少之又少。

在我的人生旅程中，真可以用「有緣相遇、有幸相知」來概括我與羅先生的緣分。歸根究底，我和羅先生來自兩個不同的行業，但有幸見證羅先生與我在營商理念、企業文化建設、團隊組建、營運管理等方面，都存在很多共同的挑戰及相似的經歷，有著一樣的認知與共鳴。通過羅先生娓娓道來晶苑集團的建設過程，箇中的人和事令我看到自身集團成長的歷程，因此回味無窮。

曾經聽人說過：「當一個人的人生歷練到達一定程度時，他的體悟也會有一定的深度」。羅先生的著作，記錄下他從自身奮鬥中所體會出商業見解與人生哲理。他所分享的每一個觀點，無論是「大我為先」的企業文化、「以人為本」的用人之道、「中西合璧」的經營理念、還是「按部就班」的傳承秩序，都值得我們細細品味，再三咀嚼。

　　羅先生所談的「邁向世界第一的經營理念」，不單展現其高瞻遠矚的戰略眼光，務求將其夕陽工業轉化為世界級的驕陽企業，更分享了他個人深刻領悟到的營商智慧，並歸納出員工、企業、家庭，乃至整個社會文明皆可奉行的核心價值觀，今我有幸受邀為本書作序，深感自己與羅先生的管理哲學不謀而合，謹以最尊敬之心提筆為文與大家分享。

　　衷心向各位讀者推薦這本書，從這本書中，我們不僅可以吸取羅先生一輩子的奮鬥心得，也能學到他為人處世態度，追求卓越，鍥而不捨；親情管理，利己及人；傳承有道，用人唯賢。在商業管理領域，追求企業的永續發展是很多經營者努力的目標。通過羅先生的無私分享，相信讀者可以從中學習基業的生存法則及成功要素，定能有助於企業的永續經營，讓香港未來出現更多的驕陽企業。

　　從事紡織業從來都不是一件容易的事，從事勞動密集的行業更是難上加難。而羅樂風先生現身說法，記錄了建晶苑集團設企業文化的不平凡之處，揭開了關愛人才的神秘面紗，分享了中西並融的領導風格。另外，本書所記載的不單是晶苑集團的故事，它既是香港企業的故事，也是每一位香港人引以為傲的故事，更是一個典型的白手興家的不平凡故事。作為過來人，我以此為鏡；作為企業管理者，我以此為鑒；作為香港人，我以此為榮。

陳裕光

陳志輝教授序

銀紫荊星章獲得者，太平紳士
香港中文大學市場學系教授、逸夫書院院長、
行政人員工商管理碩士課程主任

由左右圈及知明喜行慣，看晶苑的成功

在香港，羅樂風先生是香港一位很受人尊敬的企業家。他憑借著可持續發展作為競爭優勢，為香港的製衣業打出了一片天，也令人明白原來環境、社會責任和企業的業務發展，三方面之間的矛盾可以化為共贏。

以「左右圈」的理論來看晶苑集團的成功，可以說是符合了「左圈帶動右圈需求」的思維。所謂左右圈，是由一左一右兩個圓形組成，左圈是指客戶或市場的需要，右圈是指企業自身的能力，左圈和右圈重疊的地方，就是企業能滿足客戶或市場需要的優勢所在。左圈和右圈重疊的範圍愈大，即是代表企業愈有能力滿足市場需求；重疊愈少的話，企業就要思考如何改進，去令自己變得更具市場競爭力了。

以往在配額的年代，客戶最大的需求是生產商擁有配額；其次才是價格、品質、交貨準時等，因此製衣企業都會盡力去爭取配額，或者到市場購買，或往有配額優惠的地方設廠生產，或者進軍不需要配額的市場等。晶苑自比為遊牧民族，逐配額而設廠，這正好反映出製衣行業的特色，但也因此局限了發展的空間和規模。

自從配額制度取消後，製衣業開始面對全球性的競爭，不

得不將注意力由配額的多少或有無，轉移到實際的競爭優勢上來。當然，價廉物美、品質上乘、應變迅速，絕對是競爭優勢。然而，近年來，市場對製衣工業的要求，已經遠遠超出這些。

目前，全球性的時裝品牌，在企業社會責任方面面臨合規需求，無論是媒體、非政府組織，以至當地政府，都非常重視環保、勞工、公平貿易等問題，亦開始對跨國性的品牌造成壓力。因此，品牌擁有人就需要由供應鏈開始，由生產、運輸到銷售，都引進可持續發展的理念。

然而，對於製造業而言，由走出配額的保護罩，升級到推行可持續發展，絕對不是一朝一夕可以達成的；當中牽涉的，不只是改變企業組織架構或引進相關政策的問題，而是團隊能否妥善執行的問題。

晶苑集團正是因為有了羅樂風先生的領導，講究大我為先，注重以人為本，關心環境的大我需要，樂於與人為善，而且勇於改變向卓越的管理者學習，才令晶苑建立起一片能培育可持續發展文化的肥沃土壤；在未正式確立可持續發展的企業經營理念之前，晶苑已經在日常運作中融合了與可持續發展異曲同工的思維和管理方式，因此晶苑要轉型為可持續發展組織，就變得輕而易舉。

當其他製衣企業仍在摸索如何走可持續發展之路時，晶苑已經能提供國際名牌廠商正在上下求索的可持續發展生產模式，加上晶苑的產品一向品質至上，生產效率也高，因此讓品牌擁有者沒有後顧之憂，能放心地與晶苑合作。這種合作關係，正好反映出左右圈的完美結合，令晶苑成為一家非常具有

市場競爭力的企業。

其實，要成功推行可持續發展理念，必須先培養出重視可持續發展文化的團隊。要成功推行文化，就必要善於管理「改變」，令團隊對這種「改變」文化，能夠做到「知、明、喜、行、慣」。所謂「知、明、喜、行、慣」思維，就是要做到公司上下「知道」改變，繼而「明白」改變真諦，「喜歡」改變，從而「執行」改變，最後，「習慣」改變，終日以改變作為中心思想。

羅先生成功之處，就是能身體力行地去推動企業文化，達致「知、明、喜、行、慣」境界，將「大我為先」、「以人為本」，以至可持續發展的文化，通過多年的培養，令團隊知道、明白、喜愛、執行，直到成為習慣，植根於日常運作之中。

在羅先生的努力下，晶苑已發展成為一個學習型組織，公司上下都明白不應介意放棄眼前的短期利益，而要謀取長期的大我發展。因此，晶苑能順利走出配額保護的舒適環境，發展潛力也就釋放了出來；可以說，企業文化就是晶苑今日得以成功的基石。

晶苑集團可以說是實行「左右圈」和「知明喜行慣」理論的本地最佳案例之一。

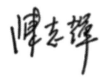

嚴啟明序
嚴啟明
Write4U.hk平台創始人、
香港市務學會前主席

意料以外，連番驚喜

協助羅先生整理這本書稿，就是要仔細地認識晶苑是如何從家庭式小廠房發展至數萬人的大企業，羅樂風先生如何從個人的信念開始影響團隊達致萬眾一心，邁向成為行業內世界第一的理想。羅先生認為，他為社會及可持續發展出一分力，別人也應該可以做到，由影響企業數以萬計的員工，再影響其他企業，漸漸地影響整個行業乃至於全世界。

我們的工作，原是要「找出一些經營理論，好讓後學借鑒」。說實在話，我最初以為晶苑是一家傳統企業，其成功多少有賴運氣；但工作下來，發覺晶苑不但走在很多企業前頭，更成為了世界上數一數二的製衣企業。晶苑的策略具前瞻性、行為具有團隊精神、執行著重成本效益，單此三點，便值得不少企業學習。

當初我們以為難以尋獲的「理論基礎」，沒想到在晶苑俯拾皆是，我們把晶苑的經營理念歸納為七大章，包括：

一、里程：敘述晶苑在羅先生的領導下的奮鬥歷程，特別是晶苑如何在環境轉變中採用不同的策略應對。

二、理念：總結羅先生的管理理念及敍述晶苑企業文化的誕生，及如何從實踐中學習新事物。

三、借鑒：敍述晶苑作為學習型企業，誰是它的效法對象，
　　如何學有所成。

四、團隊：叙述如何尋找及培養人才，甚至是再下一兩代
　　的人才。有了人才，才能組建一支高效的團隊。

五、營運：特別強調以終為始、科技為先、產銷合一、品
　　質文化、穩健理財等各項理念。

六、永續：詳述晶苑對社會的承擔，可持續發展理念及實
　　施情況，如何藉此打造競爭優勢。

七、傳承：敍述羅先生對傳承的獨特看法，以及如何為以
　　後兩代定下接班人。

每章再細分數節，全書接近30節，各有不同話題。全書內
容相當豐富全面，把羅先生及晶苑的管理理念說個清楚明白。

羅先生認為，社會與家庭、企業與員工、上司與下屬，以
至夫妻、父子、兄弟，甚至人與電腦之間，都是矛盾叢生的；
他提出的管治理念「大我為先、以人為本」等核心價值觀，曾
幾何時得不到高層員工的真心支持。至於如何解決矛盾，打造
一支團結一致、努力為公司邁向世界第一目標打拼的團隊，書
中花了不少篇幅詳細介紹。

閱讀本書時，相信讀者會與我一樣在意料之外、感到驚喜
連連。單是第一章內，讀者便能讀到以下內容：

◆羅先生未滿十歲，已遭逢第一次生意失敗！
◆晶苑第一次接到大訂單，卻差點兒陷入危機！
◆晶苑員工在非洲毛里裘斯如何生活？
◆羅先生受誰的影響要把晶苑企業化？日本客戶給晶苑幾乎

無法達成的任務，晶苑如何通過考驗？
- 晶苑在馬達加斯加內戰中損失過億元，前因後果是甚麼？
- 晶苑從甚麼時候開始進軍內衣製造業？
- 世界第一的宏願從何而來？

其他章節，則偏重於論述羅先生經營理念的由來，為甚麼要推行這一理念，執行時遇到哪些困難，又是如何克服，最後有何結果等等，一書在手，相當於通曉了數十項管理思維的前因後果。

如果您是普通讀者，您會讀到一部世界級企業的成功史；如果您是管理人，您不能不花些時間學習其中的理念及智慧，其精妙之處超乎你的想像；如果您從事製造業或人事管理，這是一本極為罕見的高階教科書；如果您欲於自己企業推行可持續發展、投資環保設備，或有意把生意傳給下一代，這本書則能給您寶貴的經驗與啟發，使您少走很多彎路。

我們Write4U公司有幸與文振球兄合作共同完成這本書，謹以摯誠感謝羅先生及各位晶苑同事的努力、恭賀晶苑46年來獲得的輝煌成就，並向所有讀者鄭重推薦本書。

文振球序

文振球

傳信人間有限公司創辦人及公關顧問總監

大我為先，感人以善

我有幸協助羅樂風先生整理本書，因此有機會深入瞭解羅先生的管理理念、營經商哲學、處世作風，實在獲益匪淺。

過去一年來，我走訪了晶苑集團在香港、內地，以至越南的辦事處，與上、中、下各階層的同事會面。我聽得最多的一句說話，是「以人為本」；感受最深的理念，是「大我為先」；大家印象最深刻的，是羅先生夫妻恩愛。羅先生雖身為老闆，毫無架子、待人以誠，事事親力親為。

「大我為先」，只是對羅先生營商理念一個具體化的總結，在這背後其實是他的一顆善心。

他待眾人以善、待家庭以善、待世界以善，因此才會先想別人再想自己，先顧世界再顧利益，凡事以大局為重，亦以身作則，鼓勵身邊眾人一起大我為先。

事實上，與羅先生相處日久，我也受到感染，在做決策時，亦不免想起大我為先、以人為本、以客為尊、以終為始等理念。

我在大學主修中國語言及文學，曾任職於一家近百年歷史的華資銀行，深受中國傳統華商哲學薰陶，故極為認同羅先生

講求誠信，注重人情，又能以客為尊的營商哲學。

事實上，在商場上，無信不立！

一次不忠，可陷人於不義；一次失信，可令企業苦心經營數十載的名譽，一朝盡喪。

相信從事公關的朋友，對此感受更深。因此，無論是企業宣傳、產品推廣、形象包裝，還是危機管理，均只能基於事實，可作正面包裝，但絕不能弄虛作假。

入行逾25載，創業亦已有12年，接觸過無數的CEO，我發現愈高級的管理人員，為人愈為謙和。大概是因為大家都樂意與謙和的人合作，因此謙和的人更易得到提拔；或者是因為團隊由人組成，制度由人執行，業務由人推動，因此「人和」是高級管理人員或企業家的必備條件。

羅先生奉行以人為本，不僅自己能締人和，更能影響公司上下共同實踐，令人印象深刻。

常言道，有人之處，即有江湖。多年來，我耳聞目睹不少辦公室政治及權力鬥爭，遇事人人必先自保，名曰問責，實乃祭旗，習以為常。然而，晶苑卻能建立無疆界的和諧企業，遇事對事不對人，以解決問題為先，團隊上下一心，勇於嘗試及創新，習慣變革亦能終身學習，因此我感到非常值得向其他企業介紹個中秘訣。

在整理本書的過程中，雖歷經多次改動，我卻從不以為苦。因為，能將一個成功企業家的心路歷程完整展現，能將

一個自己也非常認同的營商理念發揚光大，能鼓勵商界中人擁有改變自己、改變企業、改變世界的理念，將可持續發展的益處向商界普遍推廣，成為一名傳遞正能量的使者，實在別具意義。

　　古人贊許「立功、立言、立德」，羅先生能先立德，再立功，今又立言，我能參與其中，實在與有榮焉。

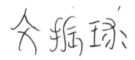

作者序
羅樂風

製衣業是夕陽行業嗎？

為何有人說製衣業是夕陽行業？

從上個世紀80年代開始，製衣便被認定是「夕陽行業」。

因為當時電子業在香港蓬勃發展，導致製衣廠招工困難，於配額限制下，發展受限；加上實業需要勤奮苦幹，致使企業經營艱難。即使是業內友人，也常慨嘆制衣業已成夕陽行業；至於其他行業，卻從來無人視本業如此。難道製衣業真的沒有前途了嗎？

◆　　◆　　◆

我個人認為，此說不過是把自己未能妥善處理的問題，歸究到行業本身罷了。

如果非要說製衣業是夕陽行業，則實屬觀點與角度的問題。衣、食、住、行均是日常所需，全球有數十億人口，這是一個大市場。只要做好自己，與時並進，透視未來，以終為始，規劃好自己的前途，一樣可以夕陽變驕陽。

◆　　◆　　◆

世上從無所謂夕陽行業，有的，只是夕陽管理。

如果用一句話描述晶苑的經營理念，相信公司上下均會異口同聲說是「大我為先」，我也經常以這句話勸勉身邊的人。

只要大家都心存大我,放棄小我的短期利益,以求取客戶、團隊、公司、社會、國家,乃至世界環境的大我利益,將來定會有所回報。

◆　　◆　　◆

我認為,身處不同環境,面對不同問題,遇上不同人等,只要大家願意適應環境,靈活變通,能以水為師,見圓成圓、見方成方、遇熱化氣、遇冷為冰,做到「上善若水」,與人為善,再加上「大我為先」的思維,必能影響到身邊的團隊,使其上下一心,獲得出路和機會。

◆　　◆　　◆

1970年,當時我年僅20多歲,決定與太太自立門戶,創辦了晶苑織造廠,後發展成晶苑集團。創業之途,由兩個人、70多名員工、幾台縫盤機、幾台織機起步,殊不容易。

經過這46載的經營,集團營運遍及六個國家、20多個地區,聘用逾六萬名員工,生產量更歷年遞增,2016年年產量逾3億多件成衣。隨著集團規模日益壯大,於全球市場的佔有率日漸提高,影響力也逐漸增強。

企業處在不同階段,所思所慮均有不同:起步時力求生存、站穩陣腳;及後再思如何穩定發展、持續增長;近10年來,轉而考慮永續經營——既有企業領導之接班傳承,亦求經營模式之持續發展,更要重視各方合作夥伴的長遠關係。

◆　　◆　　◆

企業如果只從盈利角度出發,便會想方設法撈取利潤、錙銖必較。結果則是,員工會不勝壓力而採取消極態度甚至離開、供應商會覺得條件太苛刻而放棄合作、客戶會因為品質或服務不符而抱怨。為了持續壓低成本,可能還會出現非法佔用

資源、偷排污染物等危害環境的情況。企業因利失義，或可得意一時，卻會被人稱為「無良僱主」、「黑心企業」，且一出問題，失道寡助，積怨者眾，無人雪中送炭，只會落井下石，恐易招致倒閉厄運。

此非晶苑所應為。

如欲永續經營，其路徑應如何？我年少時生活艱辛，經驗所得，要改善生活必先改變自己；當具足夠條件時，更應幫助他人。有此心思，遂發奮圖強，冀望能脫貧致富，進而助人助己──製衣業乃勞動密集型行業，獲聘者眾，能助人就業，使其有尊嚴地工作，自力更生，「以人為本」便成為經商管理之宗旨。

欲創造更多就業機會，必須提升營業額。經營規模擴大後，除了一如既往，關注社會轉變、科技發展、宏觀經濟、政治氣候、當地民生外，更需要隨著時代變遷，留意環境保護及可持續發展。

◆　　◆　　◆

中國加入WTO（世界貿易組織）、全面取消配額、歐美市場增加向亞非國家採購、電子商務興起、環境保護團體對世界各國減碳呼聲持續、IPCCC（國際性能計算與通信會議）報告論及全球氣候變暖的威脅、歐美國家對發展中國家施加關注環保的壓力……這些因素均對製衣業帶來全新的機遇與挑戰。

我先讓管理層從承諾開始，而後傳達集團上下，以「可持續發展」作為未來方向，冀望集團上下員工同心前航；定下量化目標後，再一步步完成。

　　為了打消管理人員對環保及可持續發展有損投資回報效益的顧慮，我特地選擇了傳統上被視為較高污染及高耗能的牛仔褲工廠作「模範工廠」——如果牛仔褲工廠都能成功，其他產品就會有更大的動力去做好！這樣，我們的成果就能夠從一家工廠複製到另一家，一傳十再十傳百，令行業的環保工作做得更好，然後影響更多的企業，最後影響到全行業、全世界。

◆　　◆　　◆

　　2016年，一個令全集團上下振奮的好消息傳來。美國《財富》（Fortune）雜誌在全球範圍內評選出了「50家改變世界的企業」。在這個榜單中，晶苑集團位居第17位，是所有亞洲獲獎企業中排名最高的企業。《財富》雜誌盛讚晶苑牛仔褲廠的環保生產理念，以及為基層女工提供培訓、提升她們個人綜合素質的做法。這次得獎，證明晶苑「改變自己、改變企業、改變世界」的理念得到了國際上的認同，對晶苑而言，絕對是策勵向前，繼續自強不息推動可持續發展的動力。

　　晶苑與香港製衣業一同成長，經歷過無數大大小小的波折，有幸能成為不少名牌客戶信賴的業務夥伴，當中的成長和發展，就是我們如何將製衣業由人人口中的夕陽工業，發展成現在每年營業額逾百億港元，將夕陽變驕陽的奮鬥故事。

　　本書論述一己理念，以及管理和執行之關鍵，冀望你也能借此改變自己、改變企業，最後改變世界！

第一章

晶苑里程篇

誠信智仁勇　夕陽變驕陽

第一章 晶苑里程篇

誠信智仁勇　夕陽變驕陽
一、成長期的歷練

人生首逢敗績
日子艱苦　生活快樂

> 當年的生活雖然艱苦，但也鍛煉了我的打拼精神。現在遇事不怕艱難、勇於承擔責任的性格和膽識，正是那時萌芽的。

初到香港，生活維艱

「大我為先」，是我的人生座右銘。晶苑創業數十年來，皆以信經商，以智管理，以仁處世，勇於嘗試，遂得以為公司建立聲譽，為管理提升效率，為團隊構建文化，並成為以邁向世界第一為目標的製衣企業。

待人處世，應常存「大我」、「小我」之心。因此，我常以別人的需要為先，務求和諧共處，更不喜憎惡別人，因為此舉無助於解決問題。而且，整天計算著別人如何不仁不義，亦徒令自己不快，倒不如以寬待人，對己對人都有好處。

此種作風，乃經數十載人生歷練所陶鑄，由千百次錯誤中學習而來。

至於我的人生歷練，就要由我初到香港時說起。

記得那是1950年，我五、六歲時，和爸爸一起到香港生活，在馬料水附近開設農場，而媽媽和弟弟妹妹則留在內地。

當時生活維艱，我沒有入學讀書，只由爸爸教我認字，平時就在農場工作。爸爸每月徒步往大埔墟添置日用品一次，也只有這天，我們才有機會一嘗肉味。平日我們都是以豆豉和自家種的蔬菜佐膳，以豬油和豉油拌飯。只是當時年紀尚少，不覺其苦，還自得其樂。

記得有一次，我要獨自往大埔墟，一個人沿著長長的火車軌道徒步前行。由馬料水到大埔墟，路上要經過一條又長又暗的隧道。那時的火車是燒煤的，由隧道走出來時，我滿臉都會蒙上一層漆黑的煤屑。在隧道內行走，還時刻擔心遇上火車駛過，幸好最終也能順利走完全程。現在回想，當時年紀雖輕，卻已有點兒膽量。

農場養鴨，首逢敗績

到八、九歲時，我在爸爸的農場里弄了兩塊田，開闢了一個小園圃種辣椒，還養了30隻小鴨子。我經常對人說，自己是在不斷失敗中學習的，而我人生中的第一次敗績，就是來自這群鴨子。

我每天都會帶小鴨子們往河邊覓食，看它們搖搖擺擺地列隊前行，頗為有趣。然而在養殖期間，小鴨子有的不幸被蛇捕食，有的走失，有的病死。到最後，30隻小鴨子中只有一隻長大，真可以說是相當失敗。

吃救濟飯，讀扶貧書

在農場居住了三年左右，媽媽攜同弟弟妹妹們由廣州來香港，爸爸就關了農場，我們一家六口便遷居九龍石硤尾山邊的木屋區。

上個世紀50年代，香港社會人浮於事，向上奮鬥的機會很少，人們普遍生活艱難，工作待遇甚差，有些職位甚至沒有工資，只提供早晚兩頓餐飯，但亦有人肯去做。農曆新年時，基本上不會發放雙薪或獎金，有些老闆會給員工一點兒賞錢，用來理髮和添購衣物，但金額也不多。

爸爸在廣州時是政府公務員，來到香港後，無論學歷和工作經驗都不被承認，連托人找一份巴士拉閘員的工作，也徒勞無功。他也想過和人合作做製衣生意，最終以失敗收場，只好接一些外發的家庭式手工製作，以供一家糊口。

後來生活實在困難，父母決定送我和弟弟妹妹去往調景嶺，與他們分開居住。該處住了不少國民黨軍眷，俗稱為「難民營」。那時，軍眷家庭有聯合國的救濟，我們每個月只需付幾塊錢，便可從軍眷家庭買到一個月的救濟飯票。因為當時我們年紀還小，一張票領來的飯菜份量，已足夠我們每日兩餐。

當時，我們居於寮屋，通常相當簡陋，以瀝青紙為壁，雖說有門，但任何一個方向都能進出。房內沒有廚房、書桌，只有一張床，可謂家徒四壁，但也因此不用擔心治安問題。記得每逢颱風來襲時，我們就要以繩索綁繫屋頂，以免被烈風捲走。

大家連一雙鞋也沒有，上學時要赤腳走路，幸好唸的是天主教扶貧學校，所以學費和書本費全免，還有免費文具使用。

雖然生活條件差，但衣食住行算是勉強解決，大家相依為命，卻能養成自立精神。照顧弟弟妹妹的責任，當然是落在我這個大哥身上。

借貸度日，跋涉探親

那時經濟環境差，物資缺乏，一張棉被也可典當。我們四個孩子的生活費，部分是父母向親戚朋友借來的，有時也需靠典當度日。當時大家都習慣了守望相助，所以沒有遭人白眼的感覺。

每個月我都會獨自返回石硤尾探望父母，順便拿生活費。回家的路程相當崎嶇，要先由調景嶺走山路到鯉魚門，再坐渡輪往西灣河，然後坐電車，再轉渡輪往深水埗，到達深水埗碼頭後再步行往石硤尾。換言之，每一趟不論來還是回，穿山越嶺、舟車勞累，總得花上六、七個小時。

早上出發去石硤尾時天還未亮，到達後不敢多做停留，即由石硤尾返程，到調景嶺時，已是晚上七、八時了。當時，鯉魚門與調景嶺間只有山路，兩旁山墳遍野，沿途還有狗吠聲此起彼落、風聲撲撲簌簌。當時我只有10歲左右，雖然明知回程的路不易行，說完全不害怕是騙人的，可是別無他法，只好硬著頭皮前行。

就這樣，我在調景嶺生活了好幾年，念書成績也不見得怎樣出色，小學未正式畢業便停學了。十三、四歲時，我們就遷

回父母身邊一起居住。之後，五弟及六弟也相繼在香港出生。

鍛煉膽識，承擔責任

當年的生活雖然艱苦，但鍛煉了我的打拼精神。現在遇事也不怕艱難、勇於承擔責任的性格和膽識，正是那時萌芽的。

而且，就算如何捱苦，其實也都是為家庭著想。如果我們幾兄妹不肯遠遷調景嶺，父母根本就沒餘力照顧我們。既然我能照顧弟弟妹妹，又何必加重父母的負擔，增添全家的壓力？

營商生涯始於14歲
父母信賴　擔起責任

> 走過了貧窮歲月，對為生活奔波的基層生活有很深刻的體會。當年香港幾乎毫無福利，大部分的家庭都要咬緊牙關，自力更生，後來漸漸發展成勤奮向上、不怨天、不尤人，也不會動輒將困難歸咎於社會的「獅子山下精神」。

贏的抱負，勤的榜樣

　　從14歲開始，我便協助父母打理生意。上個世紀50年代，香港工業才剛起步，其時為維持生計，媽媽去工廠接一些外發的手工製作回來，全家總動員去做，主要是手套加工，如釘珠、繡花等手工藝。

　　爸爸博學能幹、交遊廣闊，又能言善道，交朋結友無往不利。他從小教導我們要融入社會生活，每逢時節，甚至會和我們打紙牌取樂，待子女如朋友一般。處理事情上，他樂於授權，事務交付我們後，就很少過問細節。不過，給我印象最深的，是他膽識過人。我曾目睹他在農場內赤手擒毒蛇，他也試過與村民合力圍捕大蟒，全程面無懼色。

　　爸爸經常向我們宣揚「大羅家主義」，自信羅氏成員都有「贏」的基因，定非池中之物，因而自小培養我們的自信和抱負。事實上，今天我們六兄弟姊妹都能獨當一面，事業有成，可謂不負所望。

媽媽受過高等教育，待人接物有禮得體，全無鄉土氣息，而且工作效率頗高。她既恪盡母職，又為生意打拼，夜以繼日地辛勤工作，往往每晚睡眠不足三、四小時。

當時，媽媽負責從手套廠取外發的手工製作品，我先跟隨學習，學懂後就改由我負責接洽。因為生產規模小，取得一至兩家工廠的穩定生意，就足以維持一家生計。

無論是爸爸還是媽媽，都不會以管束命令的方式教育我們，也從不說教，只是不斷地鼓勵，讓我們自由發揮。我從爸爸身上學會了「贏」的抱負，並以媽媽的勤奮工作為榜樣。我很感謝他們對我的信任，讓我協助他們打理生意，這對我日後的事業發展，影響極為深遠。

大局之心，自知之明

1953年聖誕節，石硤尾木屋區發生大火，父母租住的小木屋也付諸一炬。災後，政府興建了兩層高的臨時徙置區讓災民暫時棲身。住了一段時間後，我們又被安置到俗稱「七層大廈」的貧民區。七層大廈沒有電梯，要在門外走廊煮食，廁所和浴室都是公用的，環境雖非理想，但總算有瓦遮頭，無懼天災。

緬懷童年，走過了貧窮歲月，我對為生活奔波的基層生活有了很深刻的體會。當年香港幾乎毫無福利，大部分的家庭都要咬緊牙關，自力更生，後來漸漸發展成勤奮向上、不怨天、不尤人，也不會動輒將困難歸咎於社會的「獅子山下精神」。

而由木屋、徙置區到「七層大廈」，我們一家仍是靠接外發的手工製作糊口。

在環境的磨煉下，除了培養出遇事不計較的性格外，我也養成思考「如何能把事情做得更好？」的習慣。每當遇到問題時，我只會優先考慮如何能解決問題、辦妥事情，而不會先考慮自己的利益。

不怕吃虧添人緣
人脈通達　得道多助

> 人際關係良好，在任何環境下都有一定優勢。

有求必應，人人樂助

　　營商處世，人際關係圓融，人脈網路通達，自能得道多助，事半功倍。

　　家庭手工作坊由爸媽負責生產，銷售由我獨自承擔。當時，我年僅14歲，跑工廠接單卻能無往而不利，生意從來不缺，只因善用「人緣」。

　　由於我為人不怕吃虧，前往接單時，客戶職員甚至廠內技工，都會托我買些茶點雜貨。儘管明知技工們並無外判生意的決定權，但我一心想建立良好的人際關係，只要別人覺得開心，也樂於有求必應。因此，我深受大家歡迎。他們認為我態度誠懇，不會斤斤計較，自然也樂意盡力幫忙，有訂單就會先留給我，漸漸我就不愁生意了。

　　人際關係良好，在任何環境下都有一定優勢。

外判減負，規模漸長

　　由於能廣結人緣，我們的訂單數量穩增，生產規模漸長，於是開始轉型為分判商，接單後先作加工，再將工序如釘珠、繡花等外判給家庭主婦，從中賺取利潤。

　　父母專注於生產準備工作，其他事務均由我獨自承辦。生意增加之際，工作量亦大增，對於我的個人能力，每天都有新的考驗，其中耗力最多的為送貨。

　　每當從工廠接到訂單，我會先將物料搬回家中工廠。那時雖然有幫工，但生產上已經人手不足，又恐怕趕不及出貨，因此搬運工作多是我親力親為。

　　記得當時手套加工每次要取數十打物料，貨品重逾數十公斤，加上一籮籮的配件，搬上搬下，對於年少的我而言，絕不輕鬆。

　　手套經加工後，就要靠一輛車身頗高的腳踏車代步，將半成品送到接我們外判工的家庭主婦處再加工。由於貨重車高，騎車時往往險象環生。記得我還曾因超載被警察逮捕，最後是爸爸把我從警署保釋出來的。

　　好不容易抵達外判工的住處，又要將貨品扛上去，遇上住在天台或山上者，所費的氣力就更大。趕貨期間，大家往往通宵達旦，我也曾試過凌晨三點到外判工處收貨。山上常碰上野狗，初時不免心慌意亂，後來找到一個應付方法，就是脫下衣服如鬥牛勇士般揮動，令野狗迷失攻擊目標，往往能化險為夷。

　　我們的家庭式手工作坊，由起初的手套加工，漸漸轉為毛衫加工——先是「縫盤」，然後再開設洗水、熨衣等工序。爸爸見生意漸趨穩定，技術日益純熟，就正式開設工廠，專門生產毛衫。

　　當時香港有不少經營進出口貿易的洋行，替外國客戶在香港找廠發單，我們就專門做些規模較小的業務。

設廠進軍毛衫製造行業
結識摯愛　克服難關

> 願意付錢，並不等於別人就一定會妥善地完成你
> 的工作。人情、友誼、關懷，反能成為最有效的
> 「推動劑」，我亦由此漸漸體會到不怕付出的重
> 要性。

持續進修，體會人和

　　學而後知不足，所以人應該終身學習，以廣知識，以擴視
野，以明道理，以養身心。

　　自遷離調景嶺後，我就輟學在家幫忙，因此文化水準只有
小學程度。在處理日益浩繁的工廠業務時，我往往有感學養不
足，於是決定一邊工作，一邊繼續學業。當時，我選擇入讀靠
近旺角麥花臣球場的德明中學夜校部。

　　當時工廠規模雖小，但工作瑣碎而繁重，令我難以兼顧學
業，最後只能勉強完成初中的課程，就被迫再度輟學。然而，
我明白終身學習對提升個人素質之重要，因此仍持續進修，先
後學過英文、會計等知識，以充實自己。閒時我仍然喜歡探究
問題，對待人處世及管理之道，時有反思。

　　由於不怕吃虧的性格，幫助我在發單工廠建立人脈網路，
令接單無往而不利。生產需要由人進行，因此我也經常思考：
如何令工廠聘用的員工，甚至是接我們外判工作的家庭主婦，
都能盡心盡力，提升生產效率？

　　家庭主婦除了完成外判工作，還要兼顧家務，有些甚至會從幾家外判商處取貨加工，所以外判商間存在著競爭。我經常想：「如何讓她們願意先替我們趕工？」又或者：「為甚麼工人願意替我們加班趕貨？」

　　幾經思量，加上處世經驗漸深，我開始明白「人和」的重要性。願意付錢，並不等於別人就一定會妥善地完成你的工作。人情、友誼、關懷，反能成為最有效的「推動劑」，我亦由此漸漸體會到不怕付出的重要性。

開設新廠，認識摯愛

　　生意日多，工作量大，場地不敷應用，我們遂租用新填地街一個地下單位作工廠。

　　我在此時結識我的太太。她住在我們樓上，想利用課餘時間多賺取點兒收入作零用錢，遂成為我們的外判工，因此常送貨到我家工廠。

　　媽媽特別喜歡這位乖巧的蔡姓女孩，發覺我對她頗具好感後，就常鼓勵我們交往。未來外母也很喜歡我，不時在女兒面前為我說項。

　　當我20歲左右時，爸媽又開設了一間毛衫廠。當時香港勞動力供應緊張，毛衫廠業績也不很理想。後來更因一直支持我們的銀行發生擠提，最後甚至倒閉，令我們頓時陷入財務困境，工廠面臨倒閉威脅。

　　幸好當時有一位頗具實力的客戶，也是我們的朋友陳氏兄

弟，願意入股重組公司，共建新廠。大家遂合資於新蒲崗成立「恆益毛衫廠」，那是在1965年。

　　合資廠成立後，我代表爸爸在該廠工作。除了陳氏兄弟的外國客戶，其他客戶的接洽，以至工廠的生產管理、後勤事務，如財政、總務等，均由我一人負責。期間，與陳氏兄弟合作愉快，合資工廠的業務亦漸上軌道。

　　總結此階段所學所經，均能啟發思維，對我日後在工業界事業的發展打下了良好根基。

誠信智仁勇　夕陽變驕陽

二、創業期的艱辛

創業幸有賢內助
同心創業　配額為王

> 除了將賺來的第一桶金，挪作創業資金外，羅太太多年來從旁相助，負責公司的財政及內部管理，而且持家有道，為我消除了後顧之憂，使我得以專注業務經營及生產管理。

自立門戶，賢內支持

　　與陳氏合作經營恒益數年後，我們發現大家的經營理念不同，於是漸萌去意。剛巧有一兩位朋友有意合作，於是我與爸爸商量，想出來一闖天下。恒益工廠的管理權由爸爸接回，我就與羅太太自立門戶，開設晶苑織造廠，那是在1970年。

　　晶苑得以成功創業，羅太太功不可沒。

　　我於23歲成家立室，當時仍在恒益毛衫廠工作。婚後數年，羅太太已成兩孩之母。在懷第三胎時，她自立門戶，開設了一家小型工廠，專門接款式獨特、利潤較大的手工藝鈎衫訂單，經營的業務與恒益不同。

　　當時，羅太太既要照顧家庭及兩個孩子，又要兼顧工廠大小事務，無論生產、會計、技術指導、包裝以至衛生處理，均需

她親力親為。她每周工作七天，每天工作超過16小時，相信年輕力壯者也會感覺吃力，何況當時她已身懷六甲！工作雖忙，但她對我仍照顧周到，每週更約岳父岳母到家中，以打麻將維繫彼此感情。數十年來，她凡事均以我為先，令我心存感激。

羅太太的小型工廠，為我們賺來創業的第一桶金。1970年，我們以70萬元資本開始創業，當中包括羅太太開廠所賺、夫妻二人的積蓄，少量是爸爸的參股，再加上幾位朋友的投資，遂以成事。這家工廠一直發展，成為今日的晶苑集團。

除了將賺來的第一桶金，挪作創業資金外，羅太太多年來從旁相助，負責公司的財政及內部管理，而且持家有道，為我消除了後顧之憂，使我得以專注業務經營及生產管理。晶苑有今日之成功，憶苦思甜之間，我對羅太太可謂滿懷感激。

創業初期，由於在經營管理上經驗不足，於是錯漏難免，時遇危機，幸而我懂得從錯誤中學習，晶苑遂得以在市場上站穩陣腳。

爸爸接手打理恆益，三年後決定與陳氏分道揚鑣，於1975年創立羅氏針織，與我的幾位弟弟一起經營。

爸爸雖同意我自立門戶，也有參股資助，但其心願始終希望六兄弟姊妹同心合力，共建家業。我雖未能一圓父願，卻能讓幾位弟妹有發揮機會，且今日大家各有所成，在商界算是略有名望，當年雙親放權鍛煉之功，心常銘感。

專注本業，把握機遇

歐美的貿易保護主義，直接左右製衣行業的發展。由於政府憑前一年的出口貨量，作為當年分派配額的依據，故此生意愈大的製衣廠或貿易商，手上配額愈多。有剩餘配額者，可轉手炒賣，所獲利潤甚至較自行生產更高。因此，不少同行開始不務本業，邊炒配額，邊發展其他利潤更高的業務，如地產、證券投資等。

晶苑在其中，也不免參與配額買賣。然而，我們始終以本業為先，多年來只想一心一意做好製衣。也許正因專注其中，方有今日的成就。

2005年起，各國消除貿易壁壘，逐步取消配額制度。中國也於2001年加入WTO，出口成衣往美國之配額制度也於2008年全面取消，製衣業開始進入全球競爭年代。

要想在激烈的競爭中脫穎而出，殊非易事，這為晶苑帶來了全新的機遇和挑戰。

不成功便成仁的危機
誠信拼搏　險渡難關

> 現在回想，倘若當天處理失當，必招慘重
> 虧損，甚至身陷倒閉危機。此役可謂畢生難
> 忘，亦借此展現了晶苑重誠守諾、言出必行的
> 作風。

欠缺經驗，莽接訂單

晶苑以港幣70萬元資本創業，購買廠房用去30多萬，其餘留作營運資金。創業伊始，因為經驗不足，渴求收入，往往有單即接。創業後數月，我們接了一張瑞典客戶的訂單，金額高達30至40萬元，近乎手上全部現金數目。

可接單時不察，後回頭一算，才發現我們未必能如期交貨。遂與客戶商量，是否可以通融延期一周。豈料對方意欲壓價，給我們兩個選擇，要不大幅減價25%，要不全單取消。

由於生產已經啟動，斷不能全單取消，但是如減價25%，則必會虧損慘重，加上商譽攸關，此時唯一可行之計，只有全力趕工，務求如期完成。不成功，便成仁！

不眠不休拼搏之下，終於在限期最後一天完成生產。然而，交貨程序尚未完成，因須取得海運提單（Bill of Lading），方能往銀行收取貨款。換言之，貨物一定要及時送上貨船。

不顧身孕，驚險爬繩

那時貨櫃未誕生，跨國運輸主要倚靠遠洋貨輪。出口商須先將貨品運往大躉船，再轉運至貨輪上。貨輪會吊下一個大網收貨；至於能否收貨，概由輪船的理貨長決定。

當時，羅太太和我攜貨乘坐俗稱「嘩啦嘩啦」的小電船到達大躉船，再由船員帶領，沿著貨輪船旁的軟繩梯，上船謁見理貨長。羅太太當時身懷六甲，攀爬隨風浪搖擺的繩梯，險象環生，幸好平安抵達。

船上的理貨長是一位通情達理的外國人。他眼見羅太太身懷六甲仍願意冒險攀爬上船，非常欣賞我們的誠意，很爽快地說一句「OK！」，就為我們吊運了貨物。

我們順利取得提單，翌日一早即往買家銀行申請「保付票據」（Mark Good），確保順利收款，才算安然度過難關。

現在回想，倘若當天處理失當，必招慘重虧損，甚至身陷倒閉危機。此役可謂畢生難忘，亦借此展現了晶苑重誠守諾、言出必行的作風。

羅太太持家有道，在公在私均能盡顯賢內助本色。夫妻結伴營商，性格各異，朝夕相對，易生摩擦，爭拗難免。尤其我為人不拘小節，她有時卻比較執著、擇善固執、不易妥協，雖說大家能互補，其實亦易生齟齬。幸好羅太太凡事以我為先，每逢難關必定無私相助。每遇他人指責，她雖明知理虧在我，也都會先護航解圍。她對我事事扶助，得賢內如此，當不惜再三由衷感激。

重誠信是長期的競爭優勢

羅蔡玉清（Yvonne Lo， 晶苑創辦人、
現任副主席）談初期晶苑

晶苑剛成立時，在觀塘偉業街自置廠房生產毛衫，廠內只有少量機器，接單後就買材料，然後外判給小型工廠用人手織造，最後縫盤、洗水、包裝和落貨付運。

我們的生意來源主要是洋行，我和羅先生都會去跑生意。羅先生人緣很好，晶苑在行內亦以「講誠信、負責任」而聞名。我們只要接了訂單，就一定準時交貨，而且品質也有保證，因此客戶對我們都很信賴，生意也隨之而來。有些客戶和我們合作了數十年，大家早已建立起互信關係，他們對我們的品質亦非常放心，連在何處生產也不多作限制。

有些人或許會認為，事事履行對客戶的承諾，甚至賠本也做，並非經營之道。但羅先生和我都深信，應盡量不讓客戶吃虧。事實上，我們也接過賠本的訂單，有時因為在其他國家和地區生產，影響了貨期，要準時交貨就要轉到成本較貴的國家生產，但我們也寧願照付差額。因為「誠信」的商譽，對晶苑而言，是極為寶貴的資產，也是我們贏得客戶長期信賴的競爭優勢。

逐配額而設廠的歲月
遊牧民族　廠遍全球

> 除受貿易壁壘左右外，製衣亦為勞動力密集、邊
> 際利潤低的行業。設廠時，須同時考慮該產地是
> 否能享有更低的營運成本，並具足夠的勞動力。

在配額年代，製衣行業無異於遊牧民族。古時遊牧民族，為尋訪綠洲，逐水草而居；而製衣業設廠，則要尋找免配額、低成本的產地，否則難以生存。相信除製衣外，應無其他業務有為逐配額而於全球各地設廠的情況。

既賺配額，又省成本

出口配額有限的廠家，如欲發展業務，不能單靠購入配額在本地生產，因為這樣做的風險及成本都很高。解決之道，通常是開發毋須配額的新產品，或轉往不受配額限制之的地區設廠；將工廠外移者，可將手上剩餘的本地配額轉售圖利。

外移工廠，並非一勞永逸。當設廠地的出口貨量提升至一定水準時，就可能遭歐美政府施壓，要求引進配額制度。到那時，廠家又須另覓寬免配額的新綠洲。

除受貿易壁壘左右外，製衣亦為勞動力密集、邊際利潤低的行業。設廠時，須同時考慮該處是否能享有更低的營運成本，並具足夠的勞動力。

以往中國內地的生產成本便宜，吸引不少廠家進駐，遂令

中國成為世界工廠。近年中國農村生活持續改善，工人不願離鄉別井往外省打工，加上各項成本飛漲，以致不少製衣廠外移至成本更低、低技術勞工供應穩定的東南亞地區。

為求配額，非洲設廠

1972年，我與行業專家結伴前往非洲毛里裘斯考察，發現當地工資水準低，亦無配額限制，甫一回港，即計劃於當地投資開設毛衫廠。

當時，毛里裘斯極為落後，如想撥長途電話回港，須先到大東電報局轉撥英國，再接駁香港，費時甚久，方能接通，通信之不便，可想而知。工廠與香港的聯絡，主要靠電報維繫，因此往往難以掌握生產資訊，有時更被迫延遲交貨。然而，由於配額問題，只好無奈適應。

毛里裘斯三劍俠

劉炳昌（Sherman Lau，晶苑集團首席
顧問）談在毛里裘斯的那些年

　　到毛里裘斯設廠，原因是有一批歐洲客戶很喜
歡在當地買貨。因為成本低廉，地理位置接近歐洲，
往來方便，因此毛里裘斯工廠主要為歐洲客戶服務。

　　然而，從1972年開廠到1986年這十多年間，
毛里裘斯工廠運作都不大理想，相信是管理和人事出
了問題，於是羅先生命我和財務總監一起前往視察。

　　一個月後，羅先生要求王志輝（Frankie Wong，
現任晶苑集團執行董事）和我由馬來西亞調職毛里
裘斯，負責管理毛衫廠的工作，黃星華（Dennis
Wong，現任晶苑集團執行董事）則比我們早半年派
駐。工廠由我們三位20多歲的年輕人，以及一位洪
姓同事一起接管。

　　我和王志輝一樣，接到任命後立即出發，連薪水
多少亦未曾知悉。羅先生也並未提及，原來他竟忘記
了……數月後回港，我們才知曉薪酬若干。可見當年
大家都講情重義，互相信任，並沒有過多利益計較。

大膽用人，眼光獨到

羅先生起用我們幾位年僅20多歲，經驗相對有限，極為大膽，也顯示出他對下屬的信任。

其實，羅先生做生意很有自己的一套。他不受世俗觀念的限制，在起用年輕人方面頗具膽量。事實證明，羅先生的眼光很好，王志輝在毛里裘斯期間，已表現出優秀的管理能力，黃星華也具有大將之風。其後，我們三人都能晉身成為晶苑的高層管理人員，實屬羅先生栽培之成果。

然而，毛里裘斯始終為偏隅小國，發展空間有限，人口只有100萬左右，到後期要靠輸入勞動力維持生產，最終晶苑決定撤離。

誠 信 智 仁 勇　夕 陽 變 驕 陽

三、企業化變革之路

港美合資，於內地設廠
改革開放　掌握機遇

> 通過與萬事達合作，令我親身體驗到西方管理模式
> 與華資企業傳統家庭式經營的區別，並深受啟發，
> 下定決心要將晶苑發展成為一家現代化管理的企
> 業，可以說這是公司發展史上一個非常重要的轉
> 捩點。

三來一補，拓展商機

　　上個世紀70年代末，香港工業起飛，名列「亞洲四小龍」
之首，電子、製衣及玩具業發展極為蓬勃，就業機會較多。相
比其他行業，毛衫業工作辛苦，酬勞也低，願入行者稀，往往
招工反應欠佳，致使人手不足，限制了行業發展。

　　中國改革開放始於1978年。其時中國人口眾多，失業率高
企，正可提供大量低技術工人，加上土地及勞動力成本相宜，
香港企業又獲准從事「三來一補」；於是晶苑就成為首批在內
地發展的製衣港商，將織機、縫盤等工序北移廣東。

　　何謂「三來一補」？「三來」指來料加工、來樣加工和
來件裝配，而「一補」則指補償貿易。晶苑首家內地工廠選址
在中山（並非現在的廠址），從事來料加工，其時添置大量機

器，培訓眾多工人，主要生產毛衫織片。

中國出口美國，同樣須受配額限制，我們會根據需要使用配額，如出口美國就用內地配額，加工產品就用香港配額。

中美合資，成立中紡

晶苑有一位美國客戶名叫Martin Trust，亦為我多年摯友。他同於改革開放初期到內地發展「三來一補」。Martin為美籍猶太裔人，本為恆益之買家，與我同於1970年創業，當時其公司名為萬事達（遠東）有限公司Mast Industries（Far East），其後被Limited Brands Inc.（Victoria's Secret 品牌的母公司，現更名為L Brands Inc.）收購。

晶苑與萬事達於1980年成立合資公司，名為中紡有限公司（Sinotex Limited），簡稱中紡，雙方各占50%股份，於中國、斯里蘭卡、毛里裘斯等地設廠，甚具規模，於中國聘逾千工人，在斯里蘭卡及毛里裘斯，工人更達三四千名。公司產品出口美國，主要客戶為萬事達集團的子公司，亦有售予美國其他進口商。

當時，晶苑、中紡與萬事達，都各自擁有內地和香港的配額。由於中紡出口可用內地配額，而在斯里蘭卡及毛里裘斯生產又不受配額限制，所以生意源源不斷。當時晶苑接單，如來自美國L Brands Inc.或萬事達，大部分均由中紡負責而中紡亦在香港自行接單，因此業務表現極為理想。

記得有一次，Martin與其大股東的老闆Les Wexner到香

港總部探訪，談及中紡時稱「Sinotex is a cash cow（中紡是一頭現金牛）！」，形容中紡的生意賺錢多，表現令人鼓舞，前景極佳。

開闊眼界，啟發思維

晶苑首度投資內地，把握中國改革開放之機遇，得益有三。

首先，我們到內地設廠，積累了與地方政府打交道的經驗。其次，我們能善用內地勞動力及配額，幫助晶苑進一步壯大業務。此外，通過與萬事達合作，令我親身體驗到西方管理模式與華資企業傳統家庭式經營的區別，並深受啟發，下定決心要將晶苑發展成為一家現代化管理的企業，可以說這是公司發展史上一個非常重要的轉捩點。

和氣收場，人情常在

由於配額制度漸次取消，中紡的定位也逐漸變得尷尬。

以往由於中紡手持配額，對於L Brands Inc.而言，有一定的存在價值。一旦失去配額，中紡就變為L Brands Inc.眾多供應商之一。如僅接萬事達的訂單，恐怕難以生存，轉為外接訂單，則與晶苑業務重疊，甚至互相競爭……於是，我們最後決定，由晶苑收購中紡全部股權，將其各家工廠納入晶苑版圖，大家和氣收場。

合作畫上句號，人情始終常在。Les、Martin與我，一直保持緊密的朋友和合作關係。例如，長子羅正亮（Andrew Lo，現任晶苑集團行政總裁）到美國L Brands Inc.學習時，就寄住在

Les家中。羅太太與我常結伴赴美探訪Martin，並下榻其府第。

記得有一次，Les，Martin及他的太太，再加上我和羅太太，共五人一起搭乘Les的私人飛機，赴以色列尋求投資設廠之商機。最終雖未成事，卻能具見情誼。

在商場上離合平常，如能廣結善緣，朋友遍天下，自然無往而不利。

向企業化管理進發
借鑑他山　決意革新

> 不少中資企業視為高度機密的資料和事務，從
> 利潤收益到業務前景，都可在會上公開討論，
> 更放心對我這個外人詳盡披露公司的營運及財
> 務狀況，這與中國人做生意不願意與人分享資
> 訊的作風大相逕庭，使我和羅太太深感詫異。

他山之石，可以攻玉

　　Martin的公司，以西方企業化管理方法營運。作為合作
夥伴，他每年都邀我作客觀摩，令我視野大為開闊，頓萌學習
之心。

　　記得有一年，我和羅太太首度以供應商身份出席萬事達公
司的年會，發現他們的管理透明化程度極高，中資華資企業視
為高度機密的數據和事務，從由利潤收益到業務前景，可在會
上公開討論，更放心對我這個外人詳盡披露公司的營運及財務
狀況，這與中國人做生意不願與人分享資訊的作風大相逕庭，
使我及羅太太深感訝異。

　　眼見他們公司上下平等，資訊透明，管理效率極高，令我
認識到西方企業現代化管理的優點。

　　當我參觀美國Limited Brands時，發現其電腦部佔地上萬
平方米，運作之龐大令我大開眼界。當時尚未流行物流概念，
但其自動化倉儲運作已非常順暢，我不禁讚嘆企業運作當以此

為榜樣。

他山之石，可以攻玉。體驗過現代化企業管理的優點後，我開始反思晶苑的家庭式經營模式，是否適合未來的發展需要。

深思之下，我終於下定決心，要將晶苑轉化為現代化、科技化、資訊化及透明化管理的企業。

首辦年會，開創里程

參考萬事達公司的制度，我們也於1987年在大嶼山梅窩銀礦灣酒店召開晶苑首屆年會，自此從未間斷。

首屆年會，令人印象特別深刻，不僅是因為首度舉行，而是當中發生了一段小插曲。當時，馬來西亞主管王志輝專程由檳城趕回來參加，卻不幸受急性肝炎感染，須由會場以直升機直送瑪麗醫院。

翌日，我前往探望。記得王志輝於病榻上，仍對馬來西亞工廠念念不忘，擔心因病未能準時安排發薪。我對王志輝說，儘管放下公務，安心養病為先。所幸他吉人天相，最終安然度過危險期。

當時，此種因公忘私的精神令我感動，心想集團內若有更多如此盡忠職守、恪守責任的管理人員，公司必有遠大的發展。

化解矛盾，成功轉型

晶苑由我與羅太太共同創立，因此公司要轉型為企業化管理，必須得到她的首肯及支持。

羅太太的長處在於熟悉生意、精明勤奮、親力親為，身處傳統家庭式管理環境，非常合適，但卻不利於推行企業化管理。

欲要成功推行企業化管理，就須摒棄「老闆一言堂」的思維，提高企業透明度，凡事以目標為本，授權予人，培養團隊責任心，並推行「以人為本」的企業文化。管理有賴人去執行，因此還要建立一支奉行企業文化、上下一心的團隊。

多年來，我堅持不懈，憑信念，借耐性，盡心力，方將一個「夫妻檔」，發展成為企業化經營的晶苑集團，構建出「大我為先、以人為本、以客為尊」的企業文化，建立起一支上下一心且善於應變的團隊。當中經歷無數的矛盾，全靠與羅太太不斷溝通、互相謙讓，才得以逐一化解，漸成今日之盛。

居安思危，發展日本市場
注重品管　添競爭力

> 晶苑面臨著全球性競爭，必須升級轉型，方有生
> 機，因此公司決定迎難而上，以拓展日本市場，作
> 為晶苑業務發展的新方向。

高瞻遠矚，拓新市場

　　香港製衣業受歐美市場配額左右，如想提升營業額，只能
靠額外購買配額，或前往不受配額限制的地區生產。因此，在
配額限制下，晶苑難以大展拳腳，常令人有龍游淺灘之慨，我
也早有開拓歐美以外市場的想法。

　　早在20世紀90年代初，製衣行業已風聞配額制度將逐漸取
消。以往在配額制度保護傘下，手持配額者生意不愁，炒賣也
能獲可觀盈利；一旦取消，成衣品牌可以在任何國家採購，行
業難免進入全球性競爭年代，預期生意將日益難做。

　　當年，羅正亮經常問我：「如果沒有了配額，晶苑會倒閉
嗎？」未雨綢繆，總勝於臨渴掘井，於是我決定開拓新市場，
同時培養晶苑面對「無配額環球戰爭」的競爭力。

　　當時，既無配額限制，市場規模又足夠大的出口地區，
首選日本。

　　然而，要開拓日本市場，談何容易？業內人都知道，與日
本人做生意相當困難。他們非常講究品質，要求的品質管理水

準與美國截然不同，做生意也非常重視伙伴關係，如非必要，他們不會與新工廠合作。

我相信晶苑面臨全球性競爭，必須升級轉型，方有生機，因此公司決定迎難而上，以拓展日本市場，作為晶苑業務發展的新方向。

幸遇貴人，成功進軍

為開拓日本市場，我們特別組建一支團隊，由黃星華領軍。幾經努力下，成功贏得好幾家日本品牌的訂單，包括吉之島、UNY、日產等。當中有一家剛起步的小型零售商「迅銷」，旗下品牌為Uniqlo。

眾所周知，Uniqlo由一家小店起步，迅速崛起成為全球四大服裝零售品牌之一。期間，晶苑與Uniqlo合作無間，因此能一同高速發展。

與Uniqlo結緣，始於一家中介代理公司（Personal Care Systems，簡稱PCS）的長谷川靖彥先生（Yasuhiko Hasegawa）的撮合。與優衣庫建立合作關係後，長谷川先生一直與我們並肩作戰，大家更結為好友。

對如何撮合晶苑與Uniqlo結成夥伴，長谷川先生一直津津樂道，並以見證Uniqlo及晶苑同步邁向世界第一為榮。他在退休時，甚至將旗下公司的數名員工全數撥歸晶苑，希望延續「成功之傳奇」；我們也因而招納到幾位得力的日籍同事，在處理日本業務上更是如虎添翼。

長谷川先生退休後，以幫助日本新一代謀求出路為目標，依然經常穿梭於中日兩地，免費擔當我們與迅銷社長柳井正先生的橋樑。

長谷川先生為人重友情、輕利益，實為世間罕見之好人。他以撮合我們與Uniqlo結盟為榮，並冀望雙方能繼續合作，最終同達「世界第一」的夢想，他會因此心滿意足！

得友如此，夫復何求？

由此可見，與日本人合作，只要產生互信，不僅可建立長遠關係，部分人甚至能不太計較個人利益與你合作。

向日本人學習品質第一

黃星華（Dennis Wong，晶苑集團執行董事）
談UNIQLO的考驗

　　我在1996年重返晶苑，主要為公司拓展新市場。當時除了南美國家外，日本是唯一沒有配額限制的市場，但九成輸往日本的服裝產品，都在中國內地生產，因此價格競爭激烈，利潤甚低。同時，日本企業對品質的要求極高，這導致不少香港製衣廠根本沒有興趣為日本品牌服務。

通過嚴考，建立合作

　　記得在1996年與Uniqlo初次聯繫時，他們就拋出了一個難題出來考驗我們。當年的設備和技術，都不及現在先進。Uniqlo要求我們在10天時間內，做好17款指定顏色的有領T袖，衣服上所有位置都要依足顏色的要求。如果未能做到，日後合作免談。

　　其實，這是一道幾乎不可能完成的難題，講究的是供應商的配合、自家的技術，以及趕貨的能力。因為每種顏色都要染漂，還要控制好色光，完全依足17個不同顏色，工序已經很繁複，再加上衣服不同位置使用不同布料，要同樣做到17款相配的顏色，我們粗略估計約需28到35天時間，才有把握辦妥，但Uniqlo給我們的時間卻只有10天！估計當時連

Uniqlo也不認為我們能通過這個考驗，出此難題，只想讓我們知難而退！

結果我們日夜趕工，終於在限定的時間內完工，然後親自把樣品送往日本，在他們面前將17款顏色的T裇逐一展開，任由他們檢驗。

他們當時的反應是極為驚訝，心想居然有一家香港製衣廠能在這麼短的時間內，完成如此高難度的工作，這令他們感到晶苑很有合作的誠意。

就這樣，我們之間開始了合作，直到今天。

配額取消，新路打開

我們在Uniqlo這位客戶身上，也真是受益匪淺。例如，他們要求極高品質的文化，為我們帶來了一個全新的業務模式。

當2005年全球配額取消，我們開拓歐美市場時，在一個沒有配額保護的全球性競爭市場內，就可以參考開拓日本市場的成功案例，以生產力、品質、價格和應變能力，去贏取我們的競爭優勢，再加上近年推動的可持續發展，令晶苑的定位更能符合現今國際市場的需要。

由日本市場到全球市場的策略，可以看到晶苑管理層的高瞻遠矚，能夠快人一步應對行業可能出現的危機，實在要佩服羅先生的遠見。

誠 信 智 仁 勇　夕 陽 變 驕 陽

四、世界第一的宏願

學費高昂的一課
輕忽風險　敗走馬島

> 眼見時局失控，生產癱瘓，我們決定壯士斷臂，即使產品一件也未出口，也要全面撤出馬達加斯加。

為享優惠，非洲設廠
　　2002年，美國制定《非洲增長和機遇法案》（African Growth and Opportunity Act，簡稱AGOA），協助非洲國家發展經濟，非洲國家產品出口到美國可獲免稅優惠。當時，晶苑仍在毛里裘斯設廠，然而因為本地生產總值較高，不僅未能享有AGOA優惠，須面對其他非洲國家的競爭威脅。

　　出口美國免稅優惠在前，晶苑自然不想失之交臂，加上有客戶積極鼓勵，於是考察後，我們就決定在馬達加斯加開設三家工廠。聘請4000名工人，以生產T裇、毛衫及牛仔褲為主。由於投資龐大、聘用勞工眾多，我們受到該國商務部長、勞工部長以及總理的熱烈支持。

置身夾縫，深陷漩渦
　　馬達加斯加廠房第一期落成後，在未正式運作前，先由毛里裘斯運去一批碎布，用以訓練當地工人。那時馬達加斯加海關見我們報關時，將碎布寫成「布匹」，認為我們涉嫌不正

確報關，意圖違法。當時估計海關關員只想找點兒甜頭，但我廠自問並無犯錯，於是先向商務部長據理力爭；投訴無果，再找總理，又未能解決問題。當局甚至威脅要取消這三家工廠的AGOA地位，令我們喪失免稅出口美國之優惠。

後來發現，原來是反對派欲阻撓外來投資，打擊執政陣營威信，以增強政治勢力。因事件遲遲未能解決，令我們置身政治鬥爭的夾縫之中。

此時，馬達加斯加形勢急轉直下，執政陣營與反對派爆發內戰，由港口到首都以至工廠的道路，都遭軍事封鎖，交通完全中斷，生產遂陷於癱瘓。

我一向認為，工業投資能振興經濟，促進就業，提高國民收入，當政者應為人民福祉著想，保護外資，不會肆意破壞經商環境。

就算是在斯里蘭卡，晶苑設廠多年，期間內戰未有平息，然而交戰雙方均明白以人民福祉為重，不會輕易騷擾外資工廠，更不會搗亂機場、封鎖碼頭、中斷交通。

馬達加斯加政府積極吸引外資，令我們輕視了政治不穩定的風險。不料，該國某些政客根本不顧國民死活，肆意破壞經商環境，令我們成為政治鬥爭中的犧牲品。上了一課之餘，亦付出了極為高昂的「學費」。

壯士斷臂，業績「見紅」

眼見時局失控，生產癱瘓，我們決定壯士斷臂，即使產品一件也未出口，也要全面撤出馬達加斯加。

由於機器及各項前期投資血本無歸，並要賠償提前中止租約之金額，更要將已接之訂單，重新分配給各國廠房生產，不僅打亂生產計劃，更要另購配額應付……此役之損失，幾近整年之利潤影響當年業績，成為晶苑自創業以來，唯一一次出現財政赤字的年度。

吸取馬達加斯加之教訓，我們決定調整策略，轉往鄰近香港的地區設廠，例如越南、斯里蘭卡、柬埔寨、孟加拉等地，坐飛機數小時可達，令管理能如臂使指，加上文化較為接近，在招聘工人、管理工廠及人才培育上，更能得心應手。此後，晶苑各家工廠規模日益龐大，從每家工廠數千名工人，發展成聘用逾萬工人的超級工廠，可算晶苑發展史上一個重要的里程碑。

收購英商馬田，開展內衣業務
擴張版圖　秉義營商

> 在管理上，我們並未派人進駐，依然由原本的管理團隊負責經營，只助其大幅改善經營策略、運效率及財務狀況……公司業績旋即轉虧為盈，自此未錄赤字。

四大業務，策略互補

晶苑目前的業務主要分四大類。創業初期，以生產毛衫為主，後來加T裇及牛仔褲，到2004年方開始生產內衣。

毛衫業務深受季節因素影響，訂單通常只集中於半年左右，成本開支卻要以全年計算。為擴充業務、提升營業額，從1975年開始，我們開始生產T裇及牛仔褲。

晶苑加入T裇製造商行列時，主要生產針織T裇，因為能取得額外配額，工序亦簡，故較易掌握。

其後，晶苑再添加牛仔褲生產線，主要生產女裝牛仔褲。因其冬夏皆宜，免受季節性因素影響，更因配額有價，故生意不絕，額盡其用。

我們原本對內衣市場認識不深，只知其種類多樣、款式多變、技術多元化、工序遠較T裇複雜，等到2004年6月收購英國的Martin International Holdings後，晶苑才正式開展內衣業務。

收購馬田，轉虧為盈

Martin International Holdings為英國上市公司，創辦於上個世紀20年代，主要客戶為英國瑪莎百貨公司（Marks & Spencer）。由於企業擁有人已全數作古，其他小股東都只分持2%或3%的股份，致使群龍無首，公司運作不善，業績持續虧損，利息及管理開支高昂，令其陷入財務困境。

我們決定收購Martin International Holdings，志在與瑪莎百貨公司建立業務關係。當時，晶苑已成功轉型為企業化管理公司，接收該公司的客戶、人才及資產後，隨即將公司私有化，同時易名為晶苑馬田國際（Crystal Martin International）。

在管理上，我們並未派人進駐，依然由原來的管理團隊負責經營，只助其大幅改善經營策略、運營效率及財務狀況。由於晶苑本身與銀行關係良好，享有較低的借貸成本，因此晶苑馬田國際融資較容易，而且條件也更為優惠，於是其財務困境頓解。

事實上，晶苑馬田國際之管理團隊素質不俗，只因無米而炊，未能充分發揮作用。在改善營運及融資條件後，公司業績馬上轉虧為盈，自此未出現赤字。收購至今，已逾10年，英國管理團隊一直表現稱職，可謂合作愉快，公司對集團的貢獻也日益明顯。

向馬莎百貨說「No！」

Lawrence Ward（前英國晶苑馬田國際行政
總裁）談晶苑收購馬田

我在2002年4月向羅正亮建議入股Martin
International Holdings，結果晶苑收購了其27.7%的
股份。

當時，香港也有其他投資者有興趣收購Martin
International Holdings，但因我早在1996年10月已
經認識了羅正亮，又分別在1999年和2000年見過
羅樂風先生和羅太太，對晶苑的領導模式和企業文化
非常熟悉且認同。在合作期間，更有一件事令我畢生
難忘，令我深信晶苑絕對是可以信任的合作伙伴。

經商以義，不棄伙伴

早在1999年，瑪莎百貨就開始進行策略性評
估，顧問公司向其董事會建議，應減少毛衣供應商數
目。我們本來是為瑪莎供應男裝毛衫，雖然品質理
想，但因我們規模較競爭對手小，所以遭受淘汰。瑪
莎同時告知晶苑，如欲繼續維持毛衫業務往來，就須
轉與另一家合資格的供應商合作。

我當時感到非常憤怒和沮喪，無奈之下打
電話給羅正亮，告訴他瑪莎決定終止與Martin
International Holdings合作，並問他是否願意尋找新

的伙伴合作，使晶苑能繼續供應毛衫給瑪莎，而我一定會支持他的決定。

不足半小時，羅正亮回電，對我說：「如果晶苑能與瑪莎合作，增長潛力自然會更大，但晶苑決定向瑪莎說『No！』，晶苑將繼續與馬田國際控股維持戰略性夥伴關係，共同尋求新商機。」

晶苑不因利失義、不拋棄伙伴的作風，由此可見一斑。因此，我首選與晶苑商討合作。

財務改善，客戶回歸

到了2002年，瑪莎再度邀請我們回歸為他們生產毛衫，到了2006年我們成為其最大供應商。

晶苑入股後，公司的財務狀況得到明顯改善，市值回升，之後又與瑪莎合作。公司有穩健的財務作後盾，同事們可以在無後顧之憂的環境中工作，於是公司上下一心，全力爭取提升營業額，決心扭轉過去十多年來的虧損局面。

2003年年底，我相信晶苑已對Martin International Holdings前景有足夠信心，因此建議晶苑收購餘下的72.3%的股份。但因為當時小股東希望得到更高回報，結果全面收購的時間被拖延。最後，到了2004年6月21日，晶苑向倫敦交易所提出全面

收購Martin International Holdings的股份。

樂觀正面，自省授權

在晶苑提出全面收購當日，我出發前往香港。翌日一見羅樂風先生，就問他為何要提出此項收購。他回答我說：「因為我答應過你會收購Martin International Holdings，而且我也想對所有股東都公平。」這是我第一次見識到羅先生的誠信，即時對羅先生大為欣賞。

與羅先生相處日久，發現他是一位非常好的領袖。他不介意別人批評，亦不會作出任何無禮回應。縱使他不同意你的觀點，也不會爭辯，但會對你說需要短暫離開會議室。每當他說要離開會議室時，我就明白他一定有不同觀點，於是就要反省一下自己說話的內容和態度。

羅先生為人非常坦誠，他曾直接對我說，很欣賞我的熱誠和擔當，但希望我為人樂觀一些，不要凡事只看負面；對下屬要善於傾聽，授權要做得更好。他訓勉我要有自我批評的勇氣，而且要多注重實際環境。

我反躬自省他的勸導，發現自己果然有不足之處，於是決心對症下藥改變自己，冀望自己能成為一個更有領導力、更具人性化的管理人。

晶苑的轉折之年
迎難而上　化危為機

> 創業經年，每感時局多變，世事如棋。雖可培養
> 危機意識，盡力防微杜漸，然意料之外者，如沙
> 士疫情橫行，如中國延遲入世，如金融海嘯驟
> 來，均非人所能預見。而對於危機來襲，唯有平
> 日早作籌謀。

2005年，轉折之年

踏入21世紀，晶苑屢遇挑戰：2002年，決定全面撤出馬
達加斯加；同年決定巨額投資安裝SAP系統；2003年，香港
受沙士衝擊致市面蕭條；2005年，各國逐步取消配額制度及
中國延期入世；以至2008年金融風暴等，都為晶苑的發展帶
來一定衝擊。

其中，2005年實為晶苑發展的轉捩點，也可說是迎難而
上、充滿挑戰的一年。

其實早於上個世紀90年代末期，WTO已宣佈配額制度將於
2005年全面取消。當時，羅正亮預警危機，屢屢對我和羅太太
說：「我擔心晶苑會倒閉！」然而，由於危機未臨，大家並未認
真應對。及後危機日近，壓力漸增，我開始擔心一旦失去配額優
勢，晶苑將面臨嚴峻考驗，遂認真思考如何方能繼續生存。

當時，我提議首先制定重組集團的策略，包括有哪些工
廠須重整、何家公司須停業等，再制定一個較為明確的發展

計劃。

取消配額，重定策略

　　取消配額，意味著晶苑必須面對全球性競爭，預計產品售價只會愈來愈低，但成本卻與日俱增。然而，由於毋須受制於配額，一張訂單的價值，可能較以往高出數十倍以至百倍之多，可謂危中有機。

　　因此，我們決定迎難而上，定出兩項主要策略：首先擴大內地投資，增加廠房數目，待中國加入關稅同盟後，即可充分利用內地工人的產能及技術優勢，兼享成本效益；其次，為實現大規模生產，開始計劃籌建超級工廠，謀求規模經濟之效益（Economy of scale），並參考進軍日本市場之經驗，提升品質及生產力，以創造競爭優勢。

許下宏願，世界第一

　　以往，單一國家的配額，不能支持超級工廠的產能，一家工廠聘用一兩千人，已算頗具規模。時代變遷，聘用過萬工人的工廠，現已比比皆是。

　　由於Uniqlo功成於世，深受各地消費者歡迎，晶苑亦因應時機，急速發展。受柳井正先生的影響，晶苑亦許下希望成為世界第一製衣企業的宏願，並通過精密科學之構思，「目標為本」之計劃，按部就班之執行，逐漸邁向世界第一之目標。

　　如要成為世界第一的製衣企業，擁有強大產能必屬應有條件，因此構建世界工廠，無論以時勢論，以企業目標論，

均為必然之選。

延期入世，打亂部署

為應對配額制度取消，迎接全球性競爭年代，晶苑早於2000年起，已逐步擴大在內地的投資額，興建廠房、購置機器、培訓工人等，冀望能盡量利用世界工廠的競爭優勢。

到2005年時，本來全球取消貿易壁壘，然而因中美有政治磨擦，歐盟及美國向WTO投訴，指責中國尚未全面開放市場，令中國未能於當年加入世界貿易組織。

影響所及，中國生產的貨品仍然需要配額方能輸往歐美，當然訂單大量流失，對內地設廠的製衣業界衝擊最大，也全盤打亂了我們的戰略部署，加上國外工廠實力不足以應付全球性競爭，令晶苑的盈利大幅下降。

同舟共濟，共渡時艱

開源未遂，唯思節流。當時，我們決定將香港的業務團隊全部搬往內地，以節省成本，並加強與工廠的溝通。

於此艱難時期，幸有一班同事願意同舟共濟，與公司共度時艱，離港長駐內地，令晶苑最終能渡過難關。中國終於在2008年成功加入WTO，出口歐美的貨品不再受配額限制，內地廠房產能得以充分發揮，業績恢復。

2008年全球發生金融海嘯，晶苑業務亦難免受損。管理層審時度勢後，相信危機將迅速消退，加上公司業務已趨穩定，大家信心增強，最終能安度金融海嘯之衝擊。

世事如棋，早作籌謀

創業經年，每感時局多變，世事如棋。雖可培養危機意識，盡力防微杜漸，然意料之外者，如沙士疫情橫行，如中國延遲入世，如金融海嘯驟來，均非人所能預見。

對於危機來襲，唯有平日早作籌謀，秉持「大我為先」之理念、以人為本之思維，建立上下一心之團隊，平日多作培育，常持應變之心，心存負責態度，迎難而上，眾志成城，當可迎接來自各方的挑戰。

第二章：核心經營之道

理念篇

大我為先　建核心價值

第二章 核心經營之道～ 理念篇

大 我 為 先　建 核 心 價 值
一、大我為先，以人為本之理

大我為先，以人為本
人人為我　我為人人

> 營商多年，屢見只顧自己成為獨贏者，可能成
> 功一時，卻難持久。反之，如能以大我為念，
> 最後達致無論大小我，均能共贏之局面，方為
> 經營及處世之道。

大我為先，開創共贏

倘一言以蔽之，述說晶苑集團之經營理念，必屬「大我為先」；談及企業文化，相信公司上下均會異口同聲：「以人為本、以客為尊」。

「大我為先」為我奉行多年的價值觀，常用以勸勉他人；而「以人為本、以客為尊」，正是「大我為先」之實踐。

「大我」，乃相對於「小我」而存在。

小我，指自己，指個人；大我則為一相對概念，何人是你的「大我」，要視乎你立身何處、立足何點而定。

身為下屬，大我可以是所屬部門；身為員工，大我可以是所屬公司；身為公司，大我可以是一眾客戶；身為家人，大

我可以是自身家庭；身為市民，大我可以是所居城市；身為
國民，大我可以是所屬國家；生而為人，大我更可以是全球環
境、全體人類，以至整個世界。

　　營商多年，屢見只顧自己成為獨贏者，可能成功一時，卻
難持久。反之，如能以大我為念，最後達致無論大小我，均能
共贏之局面者，方為經營及處世之道。

我為人人，人人為我

　　俗語有云：「人人為我，我為人人」。

　　所謂「人人」，即大我之意。對一般人而言，人人須先
為我，我方會去為人人，是指大我要先照顧我，我才會感恩圖
報，因此顯見先後之別。

　　如能將次序逆轉，改成「我為人人，人人為我」，就變
成小我先關心大我所需，處處為世界著想；大我受惠後回報小
我。此與一般人所想不同，境界自亦各異。

　　俗語又謂「犧牲小我，完成大我」，奉行「我為人人，人
人為我」者，自然願先為大我作出犧牲。「大我為先」，意即
在此。

身體力行，以人為本

　　「以人為本」，建基於大我為先，習慣先想別人所需，正
是其中體現。

　　晶苑一向重視以人為本，所關注者，除公司員工及客戶之

福祉外，亦延伸至股東，甚至廣及全人類。

以人為本，反映在品格上，就是以正直、誠信、關愛、良心處世；反映在待人態度上，就是放開懷抱，尊重別人，凡事從對方角度出發，不固執己見；反映在做事態度上，就是只要事情能成功，不介意吃眼前虧。

以人為本，不應僅停留在口號階段。作為領導者，應以身作則，擁有以人為本之風格，並做出相關行為。

企業由人組成，重視員工關愛，視人才為資產，提供公平合理之薪酬、賞罰分明之制度、人才發展之階梯，促使勞資關係融和，自能引發向心力，做到上下一心。如果團隊能齊心協力，何事不可成？

經驗所得，如客戶對廠家從無投訴，不作要求，反而並非好事，因為合作關係未必能持久。我們認為要求高的客戶才是優質客戶。待客留客之道，在於提升品質、生產力及技術，並樂意放下抱怨，了解需要，充分配合。企業能長期助客戶解決問題，方能建立夥伴關係。

堅持理念，不懈追求

回顧晶苑46年的發展，成功之道，在於堅持推動以人為本逐漸凝結成集團之核心價值觀；更藉以小我成就大我之思維，開創「人」（People）、「環境」（Planet）及「盈利」（Profit）3P共贏之局面，晶苑遂得以由一家庭式經營製衣廠，發展成現時營業額逾百億元之跨國企業，並以「成為世界第一製衣企業」為企業宏願。

修身律己，以水為師
上善若水　有容乃大

> 老子所著《道德經》中以「上善若水」形容賢者。水之善，在於隨遇而安，遇熱化氣，遇冷為冰，常溫則視所流駐，圓成圓，方成方；變己之身，以適環境，無出其右。

先修己身，不爭朝夕

子曰：「修身、齊家、治國、平天下」。欲於企業內成功推行「大我為先」之理念，同樣需要反求諸己，一切源自「修身」。

修身者，必先自省其非，身體力行，改變心態；由只關顧個人利益，轉為聆聽對方需要，不與人爭一日之長短，忍一時以成大我，時常致力謀求共贏。

除不與人爭一日之長短外，修身者要贏得別人尊重，品格與修養俱不可或缺。如欲影響他人常思大我為先，自己卻對短利寸土必爭，則只屬緣木求魚。

己所不欲，勿施於人

營商須重誠信，除言出必行外，亦當言行一致。由於能堅持誠信，我在商場上贏取不少好友、客戶、商業伙伴以至銀行的信賴。

處世待人，貴乎真摯，既秉誠持信，亦設身處地，己所不欲，絕對勿施於人。

凡相交者，皆知我與羅太太鶼鰈情深。我堅持夫妻間須以忠誠對待，即使業務應酬，有時難免出入煙花場所，卻從未做過任何越軌行為。

我非聖人，但只要念及「己所不欲，勿施於人」，易位思考，如我不願妻子對己不忠，自然亦須自我約束。夫妻之道，此為基本。此種堅持，可視為擇善固執。正如我對大我為先、以人為本之堅持，不惜投入數十年時間及心力於公司內推動，務求獲得晶苑團隊之認同，並致力實踐。

擇善固執，包容感恩

除誠信及擇善外，人亦應常懷包容及感恩之心。

謀事在人，成事在天，世事往往難盡己意。怨天尤人，積存怨恨，心思報復，只能徒令自己辛苦。憤怒即以別人之錯，懲己之身，日夜數算他人如何薄情寡義，於生有何意義？倒不如寬容為懷，對負我之人一笑置之。

常言道，人生不如意事十有八九，與其為八九煩惱，何不常想如意之一二？如此，即可常懷感恩之心，對所擁有的慶幸，而非怨恨自己不及他人之處，心境自有不同。

光明磊落，不作謀害，問心無愧，人生自然快樂，管理自能服眾，經商自會多助！

上善若水，靈活變通

修身之本，應以水為師。

老子所著《道德經》中以「上善若水」形容賢者。水之

善，在於隨遇而安，見熱化氣，遇冷為冰，常溫則視所流駐，於圓成圓，在方成方；變己之身，以適環境，無出其右。

「上善若水」，其實亦代表了晶苑人之特質。由於行業特性，慣於游牧經營，無論處身處任何國度，晶苑人均能隨遇而安，融入當地社會，與水之融和非常相似。

與人相處，更應如水包容，此說並非贊成隨波逐流，而是指習慣先考慮對方感受，體諒對方需要，聆聽對方意見；無論何時何地，有容乃大，令人如沐春風，樂意相處，正是以人為本之道。

水能柔，亦可剛，一旦認定目標，即有水滴石穿之恆；一旦乘風而起，即發波濤洶湧之能，視乎時勢隨機變通。

在不同環境，處理不同問題，遭遇不同人事，要能以水為師，適應環境，靈活變通，做到「上善若水」；與人為善，上下一心，自能尋得出路與機會。

消弭矛盾，解決有道
溝通以誠　締造共贏

> 「大我為先」，講求先為大環境及他人所需設想，就是要消弭矛盾，建立無疆界環境，人人平等，互相尊重。

矛盾處理，六大要訣

大至經營企業，小至待人處世，位置不同，人際間會常因各自利益、立場或面子產生衝突，矛盾遂生。

即使夫妻之間，亦常因觀點不同、辦事手法不一而產生矛盾。如夫妻共同打理生意，身為最高負責人經常對立衝突，下屬會感到無所適從，決策執行必難關重重，企業又怎能提升競爭力？

因此，合作者之間必須設法消弭矛盾。根據多年經驗，我悟出以下六大要訣：

1. 態度平和，戒急用忍
2. 積極溝通，面對問題
3. 主動誠懇，放下身段
4. 換位思考，爭取信任
5. 文字為橋，清晰表達
6. 堅持原則，耐心說明

親身實踐，推己及人

羅太太與我共創晶苑，但對事情的想法未必一致。倘我倆互不相讓，必令下屬難以適從。故我們須就事件誠懇溝通，放下身段，全不迴避地積極面對問題。有時面對面談論未必能心平氣和，有理更說不清，此時不妨把看法寫在紙上，文字過濾了怨氣，讓對方較易接受。現今，電子郵件是說明觀點的最好媒介，電郵溝通之後再仔細研討，則有助解決於各項工作上及家庭中的矛盾。

推己及人，相信其他矛盾，包括企業內外、社會、政治等衝突，也可以同法化解。先為大我為先，講求先從大環境及他人設想，建立無疆界環境，做到人人平等，互相尊重，締造共贏，自能和氣生財。

我冀望由晶苑出發，自修己身，並將此理念宣揚四方，由員工影響家庭，由企業影響社會，正能量如漣漪般層層外展，影響家庭、社會、國家，甚至全世界。

改變自己，改變世界
理念為基　履行責任

> 如晶苑為達目的，只顧小我利益，不理大我所
> 需，或忽略惠及持份者，相信只會失道寡助，
> 就算一時成功，亦將絕難持久。

理念先行，締造未來

晶苑集團在過去46年的發展史，每頁都承載著大我為先之理念。

大我為先之意義，在於以人為本，在於大公無私、互相尊重，視團隊重於個人；意味將公司、客戶，乃至整個世界長期利益凌駕於一己短期利益之上。矛盾一旦解決，團隊便可攜手共達更高層次目標。

為謀企業長遠發展，我認為傳統中資企業務必事事只看短期利益，或老闆個人高高在上的想法，引進現代化管理模式，將管理方式、信息系統、未來規劃，達致全面現代化、數碼化和透明化。

為建立生產力強大、以客為尊的團隊，老闆須放棄眼前短利，員工也須摒除「小我」的山頭主義，管理層則須改變官僚文化。身為老闆，除了制定企業方針外，還須深入企業各部門，向各級員工推廣理念，營造關愛員工的企業氛圍，令公司上下散發出正能量，如此方可組建一支卓越隊伍。

為提升競爭力，須向卓越企業及人士學習，隨時準備拋棄固有傳統思維，引進最先進生產技術及數據化管理模式，甚至不惜全體總動員，將企業改造為世界最優化系統和學習型組織。

面對全球暖化威脅，我們要保護地球，投資「可持續發展」事業，善用社會資源，生產時注重產品的無形價值，維護客戶利益。

為使企業不斷傳承，投資永續經營，須唯才是用，選拔合適人才繼承企業，拓展未來。同時還應不斷創新，常保競爭優勢。

注重責任，各方受惠

欲想追求世界第一，除規模與業績出眾外，還須注重企業的社會責任，成功絕不能採取損人利己的方式換取。

倘若有朝一日，晶苑真能穩站世界制衣業頂峰，晶苑的利益相關者皆可受惠，包括：

◆ 地球受惠：注重環保與可持續發展，盡量以不損害環境的方式生產。

◆ 經濟受惠：促進當地經濟發展，幫助落後地區工人改善生活，提升當地國民生產總值。

◆ 員工受惠：給予合理薪酬、獎金鼓勵、晉升機會，使其與團隊共享成功。

◆ 消費者及客戶受惠：以高安全水平、高品質、高社會

責任、高價值良心產品保護客戶品牌，令消費者安心選購。

◆ 政府受惠：促進當地就業，使百業興旺，增加政府稅收。

◆ 股東受惠：為股東創造合理投資回報。

　　如晶苑為達目的，只顧一己私利，不理大我所需，或忽略惠及各利益相關者，相信將會失道寡助，就算一時成功，亦將絕難持久。

大 我 為 先　建 核 心 價 值

二、水滴石穿，構建企業文化之途

撥亂反正，老闆不再獨裁

劣幣驅良　鴻圖不展

> 奉承者眾，老闆感覺良好，認定自己見解超凡、能力過人。在人才方面劣幣驅逐良幣，有能力又具遠見者，因缺發展空間而離去；留下者通常消磨時間、搬弄是非，或搞辦公室政治，公司豈能有美好前途？

官僚文化，能者不留

晶苑於多年前開始建立「大我為先」的企業文化。當時，公司面臨管理及發展危機，對此確有所需。

回想創業年代，香港大部分製衣廠均是家族經營，管理階層為僱員，多不願公然反對上司，只懂唯唯諾諾，凡事以老闆馬首是瞻，企業內遍布瞞上壓下的官僚文化。公司內奉承者眾，老闆感覺良好，認定自己見解超凡、能力過人。人才方面劣幣驅逐良幣，有能力又具遠見者，因缺發展空間而離去；留下者通常消磨時間、搬弄是非，或搞辦公室政治，公司豈能有美好前途？

用人唯親，處處山頭

某些企業老闆與員工常存矛盾，互相日夜提防者比比皆是。老闆感到勞心勞力，卻輔弼無人，又擔心員工得悉生意盈虧及公司真實情況後萌生離心，甚至自立門戶倒戈相向，因此不少人寧招親戚朋友授以高職。

親屬常常是易請難送，久而久之，結黨營私聚成山頭，人人只顧自身利益，漠視公司前途，令營運效率低落。如非配額制度保護，相信不少家族企業早就被市場淘汰。

唯才是用，力推轉型

羅太太與我，同樣反對用人唯親之管理方式。

故此，晶苑雖求才若渴，卻早已明言絕不招納親戚朋友。如子女有興趣在此工作，將予發展機會，但媳婦女婿、家族成員乃至個人好友，一律謝絕門外。

中資公司如欲變成國際一等規模，必須由家族式經營轉型至企業化管理。除了唯才是用外，更須改變公司制度，引進西方管理概念。

真正轉型至企業化管理，一定要建立自身的企業文化，包括組建優秀團隊，推行誠信負責、公平透明、關愛團結，鼓勵創新，確保用人唯才和賞罰分明。同時，團隊須對企業產生歸屬感，以在公司工作為榮。

針對窘局，推行核心價值
對症下藥　打破疆界

> 當時，我特意將集團價值觀的細則寫得詳盡一些，是因為擔心表述過於寬鬆，易流為空洞標語，更不想任人解讀，甚至演變成另一種官僚文化。

移民潮下，人才流失

晶苑早期管理不善，矛盾及官僚文化叢生，工廠與寫字樓，以及部門與部門之間時有齟齬，山頭主義傾向嚴重。其時，我負責營業生產，羅太太則主理財務及行政管理。雖正式分工，但彼此屬下難免有公事磨擦，互相投訴，羅太太與我居中，往往力保下屬，不時得失伴侶，左右做人難。

老闆與員工間普遍缺乏互信，主要表現在：雖然表面各忙各事，一旦召開會議，卻互相推卸責任；管理層會議上不提建議、不表態，也從不反對老闆的意見，會後卻到處宣揚不滿。故遇上有人來數落者，往往以遭我解僱收場。

上世紀80年代香港出現移民潮，影響所及，有好幾年晶苑員工流失率竟逾半數。其時，我們一家也移居加拿大，須兩地奔波，每次回港時，也會發現公司有很多同事離職。

公司難挽留人才，易成一盤散沙，不僅營運效率欠缺，客戶見對接人員經常轉換，定會影響信心，我於是開始擔憂團隊鬆散帶來的危機。

企業文化，帶來曙光

在我憂心忡忡之際，有同事參與了由香港工業總會舉辦的企業文化課程，然後向我推薦。

該課程導師為Anthony Griffiths。我參與過一次工作坊後就約他會面。他不斷強調公司應建立一套企業文化，我反覆思量下，認同良好的企業文化應能打破當前窘局。

認清方向，遂對症下藥。上個世紀90年代初，我便在晶苑推行企業文化，冀望能改造鬆散班底，重建一支上下一心、大我為先、願為公司長遠利益設想的團隊。

要成功推行企業文化，我明白絕不可能假手於人，必須親力親為，方能得到同事支持。因此，我不惜花時費力，親自推廣，並將一己願景，另加集思廣益之成果，撰成「我們的價值觀」，作為晶苑集團的八大核心價值。

針對弊端，發憤圖強

當時，我特意將價值觀的細則寫得詳盡一些，是因為擔心表述過於寬鬆，易流為空洞標語，更不想任人解讀，甚至演變成另一種官僚文化。

其實，每一條價值觀，都反映出當時的某種管理弊端。

例如「以客為尊」，本屬營商基本之道，可是不少同事卻不以為然。記得當時有一位總監負責全盤營運，卻認為公司手持配額已能確保生意，所以毋須照顧客戶需要；反覺得客戶在

下，晶苑在上。確立「以客為尊」為核心價值，正反映我對此不予苟同的態度。

當時生產線仍未確立品質管理系統，因此把關不嚴，曾有客戶坦言，我二弟管理的羅氏工廠的產品，品質優於晶苑！知恥近乎勇，因為不想落後於人，我遂發奮圖強決心維護品質，故此特在價值觀上確立「品質為本」。

與時俱進，改變世界

晶苑集團八大核心價值，乃針對當年種種流弊而成，當中包括「正直誠實」、「以客為尊」等我認為是永恆的真理。話雖如此，但隨著時代不斷變遷，價值觀也須因時制宜，我們的企業文化也將按時檢討，以配合時代巨輪的前行。

時至今日，世事依然瞬息萬變。我一直深信「改變自己、改變企業、改變世界」。改變由己而生，並能推己及人，當中意義非凡，或於將來載入晶苑價值觀中，冀望能借晶苑綿力，發揮改變行業、改變世界之力量！

晶苑集團八大核心價值

◆ **正直誠實**
- ◆ 遵守承諾，履行合約
- ◆ 品德正直，積極負責
- ◆ 真誠交流，建立互信

◆ **互相尊重**
- ◆ 重視每一個人的重要性
- ◆ 重視公平，一視同仁
- ◆ 肯定員工的貢獻並予以發展機會

◆ **勇於創新**
- ◆ 敢於接受挑戰，持續進步
- ◆ 接受新思想，集思廣益，富有企業家精神

◆ **激勵士氣**
- ◆ 以身作則，從意識和行動上激勵他人
- ◆ 用自己追求卓越的熱誠、決心和精力感染他人

◆ **以客為尊**
- ◆ 主動了解客戶需要
- ◆ 提供快捷及高質素方案以超越客戶需要

◆品質為本
  ◆ 每一項工作均能一次及準確做到
  ◆ 以品質為推動力，提高整體績效達至最佳達
    至最佳效益

◆達至最佳效益
  ◆ 提高公司價值，充分利用資源，達至最佳利
    潤回報

◆上下融和、超越疆界
  ◆ 超越疆界、排除障礙、摒棄官僚作風，從
    而推動整體效益提升
  ◆ 分享知識與訊息、衷誠合作、共享成果

十載耕耘，終見其成
持之以恆　水滴石穿

> 集思會上，眾人均一致贊成革新。然而當改革與個人利益相抵時，阻力驟生。管理層虛與委蛇者有之、陽奉陰違者有之，冷眼旁觀者最多，心想老闆只是一時興起，熱情一冷，自會恢復舊觀。

改革啓航，旋即觸礁

古今中外，管理之大難題，無過於如何推動革新。改變管理（Change Management），往往知易行難。

身處舒適環境，習慣安逸生活，不願變動乃人之常情。欲成功改變團隊思維習慣，接受全新企業文化，以現代化管理改革家庭式經營，於華人社會，更屬高難度挑戰。

破舊立新，不宜假手外來顧問，為表示對推動新企業文化之承諾及決心，我本人實須身體力行。

千里之行始於足下，然後就要坐言起行。建立企業文化的第一步，是先了解員工想法，以查找不足。

上個世紀80年代中期，我們於荃灣悅來酒店首度舉辦集思會，邀請公司數十位管理層同事出席，大家集思廣益，主動訴說不滿。不少同事直斥公司官僚迂腐，部門各自為政，矛頭直指最高管理層，包括老闆。

集思會上，眾人均一致贊成革新。然而當改革與個人利益相抵時，阻力驟生。管理層虛與委蛇者有之，陽奉陰違者有之，冷眼旁觀者最多，心想老闆只是一時興起，熱情一冷，自會恢復舊觀。

如是者經兩至三年，改革出師未捷，舉步維艱，不僅未為公司帶來轉機，反而增添更多矛盾，上下怨聲載道。

擇善固執，水滴石穿

然而，我並未就此放棄。

當時公司漸值存亡之秋，如我繼續容忍山頭主義、官僚作風，將更難由家庭式經營轉型至企業化管理，公司勢將走向衰亡敗局。

明乎此理，只有繼續堅持，才有望走出窘局。

抱持大我為先的理念，加上不屈不撓、擇善固執的性格，縱使只我一士諤諤，仍不懈推動企業文化。除親自主持工作坊、集思會、分享會外，我還遍訪全球工廠，與中高層坦誠對話，力陳八大核心價值之重要。

宣傳之餘，更須聆聽以了解需要。故應對之間，常自我提醒「兼聽則明」，縱使曉之以義，切忌老闆「三個口」，盡量雙向溝通。儘管對方未必即時接　受，但至少明瞭利害所在。相信堅持之下，假以時日，終必水滴石穿，得到正面回應。

十載耕耘，融入生活

老闆長期傾力親自推廣，高層管理者縱萬分不願，也不便高調反對；中層管理者則不為權威面子所囿，較為開放，願試新猷。故經十載耕耘，歷夙夜薰陶，團隊思維漸統，理念漸凝，嶄新的企業文化開始在晶苑植根。

當團隊逐步融入企業文化時，轉變漸顯。公司上下，除均能以公司及客戶利益為重外，更培養出終身學習、快速應變之能力，有助提升生產力，增強競爭優勢。

羅馬非一日建成，晶苑人經過數十年不懈努力，終能將企業文化融入工作及生活中，正彰顯擇善堅持必有所得之道理。

建立無疆界組織
制度文化　一視同仁

> 要上下共融，必先互相尊重，打破界限，始於無分等級。此舉不僅要管理層作出犧牲，自己更要身體力行，方能上行下效。

上下融合，超越疆界

如欲革新企業文化，杜絕官僚作風，須先將晶苑發展成無疆界組織，故晶　苑八大核心價值中，我最重視「上下融和、超越疆界」。

所謂「上下融和、超越疆界」，意指無分上下，融成一「大我」，屏除因私忘公之思維，提倡大局為重、大我為先之理念。

取消特權，打破界限

不少身居上司以至老闆尊位者，平時架子十足，頤指氣使，對下屬毫不尊重；遇問題即諉過於下屬。無疆界組織旨在打破這種階級界限。

要推動建立無疆界組織，我除了發表《黃金手冊》外，同樣須言行一致，方能服眾。例如，我往海外工廠視察時，當地同事往往會協助搬行李，惟除大件行李外，我慣常自持，並無我乃老闆，下屬務必服侍周到之念。

此外，老闆應無特權，就算羅太太與我，亦要以身作則，一視同仁，不能為所欲為。

　　記得有一年，我與羅正亮前赴美國客戶GAP總部開會，同行者多為GAP之供應商，當中以晶苑規模最大。其他公司高級職員皆搭乘商務艙，老闆一般出入頭等艙，我二人反倒屈就經濟艙。

　　公幹選乘經濟艙，非因刻薄，實乃晶苑一貫政策。無論基層員工還是經理、總裁，甚至我自己，如用公費，均規定只能選乘經濟艙。直至兩年前，長途航程方轉為特選經濟艙，以體現一視同仁、不分階級之無疆界精神。

　　要上下共融，必先互相尊重，打破界限，始於無分等級；此舉不僅要管理層作出犧牲，自己更要身體力行，方能上行下效。

無疆界文化，成就今日晶苑

劉炳昌談第八項核心價值觀

核心價值，由七變八

記得當初羅先生設計晶苑集團核心價值時，只有七項。後來他再三思量，認為如果同事均能做到「無疆界」，公司發展自可前程萬里，因此在七大核心價值觀的基礎上，加上「上下融和、超越疆界」一項，成為晶苑的第八大核心價值。

打破界限，互相借鑒

反映無疆界組織的最佳例子，莫如互相借鑒。

當晶苑旗下某一工廠引進了一項能提升效率的技術時，別家工廠如覺合適，可前往觀摩學習，大家也樂意無私分享。很多管理方式和生產流程，因而得到改善，令晶苑真正成為無疆界組織。

這個核心價值一直引領著我們，今天已發展成晶苑大家庭的互動精神。

大 我 為 先　建 核 心 價 值
三、棄舊立新 專業化管治之道

實施個人責任制
充分授權　各盡其能

> 推行目標為本，一經訂立目標，彼此認同，個人即須負責完成。於特定時限，透過公開、透明、公正、數據化的考績表現量度系統，達標者可享合理獎勵，未能達標者需檢討如何改進，再無藉口可言。

充分授權，公平透明

當公司達臻專業化管理階段，愈有才能及理想者，愈不願仰人鼻息，更不會對老闆唯諾奉承。

推行企業改革，首先需實施「個人責任制」，予同事充分授權，任其自主工作，並訂立明確且可行之目標。為配合個人責任制，管理上必須提升透明度，工作目標、盈虧數據，以至各項管理分析，均開誠布公。

委付任務，務必達成

以往，當公司業績欠佳，或執行發生問題，須向同事問責時，推卸責任成為常態，諉過藉口不外乎世界經濟環境差、行業低價競爭、未能聘用合適人才等！

如今推行目標為本，一經訂立目標，彼此認同，個人必須負責完成。在特定時限，通過公開、公正及透明度高的數據化績效系統考核，達標者可享合理獎勵，未能達標者需檢討如何改進，再無藉口可言。

今日如有未達標者，意圖找藉口蒙混過關，往往遭他人直斥其非。事實上，由於目標乃共同訂立，大家同意切實可行，當獲充分授權下，每位當事人均需承擔責任，任何理由只屬掩飾失敗，反之應勇於認錯，再思如何善後解決。

由個人責任制、充分授權、公平優良之評核系統，加上透明度極高的數據化管理基礎，晶苑遂能推行「產銷合一」。負責業務之同事，均視公司生意為己業，與負責生產之同事商量溝通；而生產部同事也以客為尊，樂於與業務部門通力合作，彼此均能充分發揮「大我為先」精神。

轉變管理方式，由推變拉
試點推行　良性競爭

> 羅正亮接任集團行政總裁後，在轉變管理方式上，較為深思熟慮。他絕不採用行政指令要求主管就範，而是培養出一種「多嘗試、多革新」的氣氛，鼓勵部門間良性競爭，故各部門均願率先成為革新試點。

親推電郵，轉瞬普及

2000年年初，電子郵件在香港並不普及，我欲於公司推行。起初各級同事均不願採用，亦不懂如何應用，故我身先士卒，就算與對方毗鄰而坐，事無大小，均發電子郵件詢問。

由於收到老闆電郵，上下均不敢置諸不理，你來我往，久而久之，已習慣以電子郵件聯絡。

隨著互聯網普及，以電子郵件與國內外買家及工廠聯繫確實異常方便，能克服凡事須撥打長途電話而產生的時差及成本問題。當大家體會電子郵件之便，亦已習慣應用，阻力遂除。

由老闆親推電子郵件，轉瞬於公司內普遍應用，乃由上而下「推力」之成功。

由推變拉，效率提升

羅正亮接任集團行政總裁後，在轉變管理方式上，較為深

思熟慮。他絕不採用行政指令要求主管就範，而是培養出一種「多嘗試、多革新」的氣氛，鼓勵部門間良性競爭，故各部門均願率先成為革新試點。

以往採用由上而下之命令方式，老闆事必親躬，向各同事力薦，所用者為「推力」（Push）；現時則為部門主動要求引進推行，轉而為「拉力」（Pull）。分公司處理變革，更加主動積極，效率及效果自然大相逕庭。

其實公司推行新項目，只要以提升工作效率及生產力為原則，並非追求個人目的，且推行時間表亦能配合分公司，以方便執行為優先考慮，大多數分公司總裁都會樂意支持，並切實執行，效果自然更為理想。

欲推任何新猷，不免一波三折，然而只要主事者能以大我為先，由使用者角度出發換位思考，作微調甚至大修，項目推行後能解決實際問題且卓有成效，主事者自會逐漸建立口碑。當其他部門引進時，亦各有充分自由，可以適度調整。集團總部總結各部門運作經驗後，會訂立一個最能經受考驗、各方運作順暢之版本，令新系統趨於標準化，供全集團應用，使其更易於管理。

成立董事會，增強企業管理水平
廣納賢才　理性決策

> 部分上市公司，往往只是滿足上市條例之最低要求；晶苑對企業管理之要求，不僅媲美上市公司，於運作上甚至較上市條例規定更嚴……晶苑外聘顧問進行董事會評估，認真程度實屬罕見。

設董事會，更顯專業

企業如欲擺脫家族式經營，轉型現代化管理，必先摒棄「老闆為先」之家長式管理思維。對公司創辦人及最高管理者而言，這等同於自己放棄權力。然而，只要有利公司長遠發展，羅太太與我均不介意作出犧牲。

華資企業習慣老闆一錘定音。然而，無論羅太太還是我所作的決定，囿於個人因素，難言盡皆理性，有時更不免感情用事。此種管理方式，殊不利企業發展。

兼聽則明，故我們決定成立董事會，冀望能儘量以理性方式決策公司事務。起初羅太太尚未習慣，適應需時，及後董事會運作暢順，對公司益處日益彰明，羅太太遂極力支持董事會。

第一屆董事會成立於1995年，我與羅太太分掌主席及副主席職位。一直以來，我們對董事會及企業管理均從嚴從謹。部分上市公司，往往只是滿足上市條例之最低要求；晶苑對企業管理之要求，不僅媲美上市公司，於運作上甚至較上市條例規

定更嚴。

例如，每次董事會，均歷時6至8小時，與會者皆認真議事，各項議題均討論周詳。

此外，晶苑每兩年均會外聘顧問，進行一次董事會評估（Board Evaluation），認真程度實屬罕見，可見我們對董事會及企業管理極為重視。

設委員會，專職執行

企業架構中，董事會地位最高，但它並不處理日常運作，只負責審批機要之責，如年度預算、長遠戰略等，並就較宏觀事項提供意見。

董事會下設執行委員會及審核委員會。企業監管上，已開設企業監管辦公室，由我負責，而發展委員會亦於2015年成立，專門負責長遠規劃。

公司行政權力，主要集中於執行委員會。羅正亮接任集團行政總裁後，投入較多時間及心血推動董事會改革，並主動分析大量業務數據，向董事會提交眾多分析報告，以供決策參考。

執行委員會所擁實權雖大，但卻實施問責制度，所作任何決策，均須向董事會負責。

人才匯聚，互相評分

2015年董事會的成員包括我、羅太太和羅正亮，兩位執行董事為王志輝與黃星華。此外，還有四位獨立非執行董事，包

括Anthony Griffiths、匯豐銀行前高管謝文彬（Benny Tse）、前花旗銀行高管麥永森（Alvin Mak），以及從事私募基金的張家騏（George Chang）。

多年來，股東與董事會極少有意見相左，除大家均為好友外，更需每年不記名互相評分。例如，我擔任主席多年，每年董事會成員均會就本人表現是否稱職、他們是否滿意作出評分，因此我常自強不息，努力做一位稱職的董事會主席。

晶苑雖非上市公司，但程序與制度均符合上市公司條例對企業合規管理之嚴格要求。能臻於此，實因羅太太與我願棄獨裁公司事務、呼風喚雨之權，影響所及，有助公司長遠發展，步向企業化管理，意義殊深。

晶苑成功轉型建基於企業文化

Anthony Griffiths（晶苑集團獨立非執行董事）談晶苑文化

1992年時，我和同事在香港工業總會主辦了一個關於策略與對策的研討會，羅樂風先生和長子羅正亮出席，事後他們邀請我為晶苑進行內部研究，並在同年10月舉辦一次集思會，主要邀請高級管理人員參加；自此，就合作無間至今。

晶苑當年以家庭式經營，由羅先生、羅太太親自管理。當時，我向他們提出許多詳細的建議，由如何建立團隊，提升管理層質素、建立互信到充分授權等，並指出如果一直都採用中央集權式管理，永遠都難與下屬建立互信關係。

最後，羅先生聽取了我的意見，開始改變管理作風，例如授權予下屬，不過，要建立全新的企業文化，實在需時，晶苑就用了差不多十年時間，才有顯著改變。

全無架子，深受愛戴

羅先生是一位非常聰明的人，很有領導才能和宏觀視野，在他的帶領下，力求在現有基礎上進步，每天思考如何做得更好，在滿足客戶需求之餘，公司依然有利可圖。

　　羅先生與眾不同：他絕非傳統高高在上、發施號令型的老闆，而是全無架子，會關心我們的想法和感受，因此贏得我和其他人的尊敬及愛戴。

　　然而，當他下定決心要做好某件事時，又會非常硬朗，擇善固執。例如他力推企業文化，並無借助外來顧問，而是整天馬不停蹄，四處擊鼓傳訊，令高層管理人員明白他的決心。

授權團隊，脫胎換骨

　　我認為晶苑團隊非常了解羅先生，願意順隨他的意思執行，及後往往會發現羅先生方向正確，所以當他開始推行個人責任制，授權同事自主時，團隊的改變就發生得更快。

　　晶苑能成功推行企業文化，功勞完全歸於羅先生、羅太太和羅正亮。他們有意識地推行個人責任制，並能真正充分授權，突破了華資公司中央集權式的管理模式，為晶苑帶來脫胎換骨的轉變。

結語：立志成為世界第一
共同願景　齊心目標

> 以終為始，以目標成果反觀算計，根據市場變化之預測、屬下工廠之產能、各大客戶可擴增之生意份額等，即可知悉要「達到世界第一」所需之資源、時間、營業額，由此規劃出相關路線圖，成為實際可執行之長遠計劃。

世界第一，凝聚軍心

　　「大我為先」之理念，於晶苑建立經年，已成為團隊日常之共通語言。然而，如能有一務實目標，激勵員工上下一心，放下「小我」短利，共同奮鬥，成就「大我」者，當能更進一步激勵士氣，團結軍心。

　　該「大我」目標，乃同心同德，將晶苑發展為世界第一製衣企業之願景。

　　毫不諱言，此願景受晶苑長期合作伙伴柳井正先生所啟發。他的想是將Uniqlo構建成世界第一的零售品牌。作為Uniqlo主要供應商之一，晶苑深為所動，亦立志成為世界第一製衣企業。

以終為始，路線清晰

　　晶苑推行數據化管理，透明度高，只要根據資料推算，即能得知，要成為世界第一，並非遙不可及。

　　以終為始，以目標成果反觀算計，根據市場變化之預測、

屬下工廠之產能、各大客戶可擴增之生意份額等，即可知悉要「達到世界第一」所需之資源、時間、營業額，由此規劃出相關路線圖，成為實際可執行之長遠計劃。

發展所需資源，了然於胸後，就能以五年及十年計劃為基礎，計算每年應完成之里程，並就此訂出年度增長目標，並兼顧競爭對手之擴張速度。

市況萬變，未必能盡如人意，每年或需微調里程目標。然而只要按部就班、循序漸進，一步一腳印地朝正確方向邁進，年期或有延長，終極目標不變，願景達成指日可待。

第三章：核心經營之道

借鑒篇

以專為業 向卓越學習

第三章 核心經營之道～借鑒篇

以 專 為 業　向 卓 越 學 習

一、建構學習型組織

虛懷若谷，效法卓越
終身學習　自我完善

> 晶苑常用嶄新管理系統及工作模式，並已建立出一支應變能力非常高而且能快速適應新事物的團隊，更成為深受管理學者嚮往之學習型組織（Learning Organization）。

借鑒卓越，提升自己

雖說勇於嘗試，汲取教訓，方可精益求精，然而企業改進，亦應有明確方向，方能降低出錯概率。

故步自封，自難進步；他山之石，可以攻玉。

要成世界第一之製衣企業，應當虛懷若谷，觀摩最卓越的管理模式，學習及實踐「最佳典範案例」（Best Practices），以建立最適用於企業者，故晶苑不斷引進最優越的管理系統及工具，以助日常業務運作，如高效能人士的七個習慣、平衡計分卡、SAP企業資訊管理系統、豐田精益生產及六常法等。

舉一例子，集團於2002年引進SAP企業資訊管理系統時，必須放棄一貫應用之系統，全面轉用SAP。起初，同事們頗有

怨言，但在適應及運作上了軌道後，即發覺如若當年不能當機立斷棄舊用新，公司發展受系統所限，根本不可能達至今日規模。

新人入職，贈閱經典

知識改變命運，學而後知不足。我酷愛閱讀，遇上好書，常會搜購一批分贈同事共賞，然後安排分享會，探討晶苑能否從中取經。

現在，管理層每有新人上任，均會獲贈五本世界級管理經典，冀望其閱讀以獲裨益，其中包括：

1. 《七習慣：與成功有約》（Stephen Covey, *The Seven Habits of Highly Effective People*）

2. 《傑克韋爾奇與通用電器之路：有關他的管理卓見及領導秘密》（*Jack Welch & The G.E. Way: Management Insights and Leadership Secrets of the Legendary CEO*）

3. 《豐田模式：精實標竿企業的14大管理原則》（Jeffrey Liker, *The Toyota Way: 14 Management Principles from the World's Greatest Manufacturer*）

4. 《平衡計分卡：化策略為行動》（Robert Kaplan, David Norton, *The Balanced Scorecard: Translating Strategy into Action*）

5. 《永遠懷抱希望》（柳井正，*希望を持とう*）

以上五本經典著作，均為晶苑管理實踐之本。細閱原著，可助了解晶苑的企業文化及管理精神；熟悉著作，在考量是否

引進新項目及如何推行時，可做到事半功倍。

事實上，晶苑常用嶄新管理系統及工作模式，並已建立一支應變能力強且能快速適應新事物的團隊，成為深受管理學者嚮往的學習型組織（Learning Organization）。

羅正亮出任集團行政總裁後，培養學習型組織更是青出於藍。他學歷比我高，分析力與執行力也比我強，精於效法學習目標，在理論及實踐相互影響下，更能推出切合集團所需之「最佳典範案例」。在管理上，晶苑更能與時俱進，在邁向世界第一的征途上，航速更快，把握更大。

四大法門，效法卓越

總結多年心得，如欲成功效法卓越，法門有四：

- ◆ 願作改變，卓越為範
- ◆ 擇善固執，深層學習
- ◆ 先行先試，觀察其果
- ◆ 制定目標，量度成效

鼓勵勇於嘗試的團隊
汲取教訓　棄故納新

面對創新，保守人士往往躊躇不前，因創新總存
失敗風險，大家擔心功敗垂成，又怕遭人埋怨，
甚至烏紗不保。

勇於嘗試，錯中學習

年少當家，歷練所得，有助培養觀察力，更易洞悉世情。
面對企業營運所需，無論營商概念、管理制度、解難方式、人
事處理、財務決策等，我均有賴多學多問，勇於嘗試。

面對創新，保守人士往往躊躇不前，因創新總存失敗風
險，大家擔心功敗垂成，又怕遭人埋怨，甚至烏紗不保。

棄故納新，事在人為

晶苑制勝之道，在乎講究效率及現代化管理。任何管理制
度、處事方式，以至生產設備，如不能符合未來需求，都必須
當機立斷地放棄，免礙效率。在推行新措施時，只要獲得上下
認同，認為有利於公司，皆勇於嘗試，以屢敗屢試精神，堅持
不休。

摸石過河，早成晶苑習慣。當確認已困於死胡同時，須有
勇氣坦然承認失敗。所謂「失敗乃成功之母」，只要吸取經驗
教訓，堅持到底，便能重新出發，而非一朝遭困即轉向逃避。

晶苑推行集體責任制，鼓勵創新。即使因此出錯，亦只對

事不對人，使晶苑人能無懼失敗，終身學習。

雖不少人已視製衣為夕陽工業，我們卻認為行業仍有發展空間；只要能堅持，以無懼犯錯之心來創新，一切皆「事在人為」。

易學難精，堅持原則

製衣業另一特性：看似容易，其實易學難精。

製衣及時裝行業，生產工序複雜，細節繁瑣，參與者眾，過程中易產生問題　每張訂單，就算來自同一客戶，甚至同一款式，也能千變萬化，只要材料或設計稍有不同，即須視為新項目處理。

肯嘗試，肯學習，肯專注，肯堅持，為晶苑一向之處事原則，也是今日成功之基礎。

以　專　為　業　　向　卓　越　學　習
二、取法管理學大師

柳井正之經營理念
環球視野　永懷希望

> **善擇能者合作，正是其屢能達成願景之秘訣！**

取法能者，立志第一

與晶苑合作多年，亞洲銷量第一零售品牌Uniqlo，其母公司迅銷公司（Fast Retailing）創辦人兼社長柳井正先生（Tadashi Yanai），乃日本最成功企業家之一，為我尊師，亦是好友，更屬晶苑長期合作伙伴。

我與柳井正先生於1996年首度於香港會面，自此晶苑與Uniqlo開展合作關係，此為晶苑發展史上一重要里程碑。

柳井正先生最為人熟悉者，為「一勝九敗」之哲學。他認為人應由一系列失敗中，孕育出下次成功之胚芽，就算歷經九次失敗，能有一次勝利，即已足夠。其經商哲學與晶苑勇於創新、不怕困難、堅持到底之信念，如出一轍。

柳井正先生曾公開表示：「Uniqlo的下一步，就是朝向世界第一邁進。」他在日本總部會議室中懸掛了一幅字畫，以中國篆體書法寫上「世界第一」四字，以此自勉及鼓勵全體員工共同努力。估計未來十年內，Uniqlo必將超越眾多時裝名牌，

榮膺世界第一。

經多年交往，我深受柳井正先生經商哲學之影響，在他言傳身教間，學懂不少卓越的營商智慧。其待人學問及辦事作風，我均引為榜樣。細閱其著作《一勝九敗》、《永遠懷抱希望》等，其中宣揚無懼挫折、永懷希望之理念，令我獲益良多。

受柳井正先生宏圖偉略之啓發，晶苑立志要成世界第一之製衣企業。晶苑之企業文化及營經營作風，亦受柳井正先生及Uniqlo感染，如視供應商為合作伙伴、彼此互惠互利等。雖然在辦事決心與效率上，仍難望其項背，但已學懂要求與堅持。

相交多年，獲益良多

於1996年初與柳井正先生會面時，Uniqlo只是一間小規模的成衣零售商，但我已感受到柳井正先生獨具慧眼，有著非凡觀點與前衛理念。多年來，其敢作敢為，膽色超乎想象，同時又堅守信念，無懼挫敗。我亦有幸以合作伙伴身份，見證其每個成就時刻。

柳井正先生將供應商視為同盟者，力求實現雙贏，更會協助工廠、商家解決生產問題，共議如何降低成本，同時不忘堅持極高品質之要求。相對其他時裝品牌，Uniqlo選用的供應商為數不多，卻皆能滿足其價廉物美之嚴格要求，俱非泛泛之輩。要達到Uniqlo的產品要求，晶苑亦自強不息，不斷提升品質，冀望能達至完美水平。

柳井正先生處事毫不拖泥帶水。他說一不二，清晰決斷，

更絕少空言，一經判認為正確者，立時辦理，既注重效率，亦能善用時間。如每次會議，他均規定須於30分鐘內完成，因此與會者會前必須充分準備，預先設想話題，會上他只稍作提問，問題解決，隨即散會。

精準決斷，言論大膽

柳井正先生之經營理念，有異於傳統營銷學教科書所言。Uniqlo之市場定位，為適合全人類所穿服裝（Made for all），並能堅持不懈，終獲成功。

柳井正先生的決斷力與眼光，世人難出其右，如大部分Uniqlo貨品均能快速售罄，滯銷者則毅然回收，其決斷之精準，完全超乎常人。

柳井正先生之言論，有時頗為前衛大膽，如聲言要成「世界第一」、主張「民族大遷徙」等，於我輩只屬心中向望，卻不敢宣之於口，他卻能坐言行。

善擇伙伴，共創未來

對一切商業決定，柳井正先生均以成果為主，具有「以終為始」之味道。如未能合乎期望者，相信絕難與其朋輩論交。合作初期，對暫未達標者，會先予以機會，然而並不代表能苟且敷衍。如三次合作後，仍未能滿意，他即會另聘高明。

善擇能者合作，正是其屢能達成願景之秘訣。

相知多年，我深感柳井正先生為人實際，對能交出成績者通力支持，絕不花言巧語，或亂開空頭支票。例如，他從不承

諾將來如何合作，但會向我們推銷其宏圖夢想，力邀我們携手共創未來。我們初時聽其宏圖，預計何時發展至何等規模，希望彼此配合云云，看似胸有成竹，我們卻只是半信半疑。時至今日，Uniqlo之成就，已有目共睹！

柳井正先生談未來製衣業

2014年12月19日，在柳井正先生辦公室的
訪談

問：為何Uniqlo和晶苑集團能夠合作超過18年
之久？

答：我們的目標和經營哲學很相近。當我第一次遇見
羅樂風先生時，我就已經知道，他是一個可以長
期合作的好伙伴。

問：你是一個品牌的擁有者，而晶苑是生產商，大
家角色不同，你如何看待彼此的關係？

答：不管你是身處時裝零售業還是製衣業，我們的目
標都一致。我們都在致力為世界提供最好的產
品。我其實不介意我們在工作上扮演不同的角
色，我只知道，他是很好的商業伙伴。

問：作為一位戰略性合作夥伴，你對晶苑及其團隊有
何建議？

答：晶苑已是一家很傑出的企業，生意做得非常出
色，我其實沒甚麼可以置喙了。他們能生產合乎
我期望的產品，而且能發揮優秀的團隊精神。晶
苑多年來一直能維持高水準，團隊成員亦無人事
變動，實在是一支戰無不勝的隊伍，也是我們能
成功維繫合作關係的原因。

晶苑已成為香港製衣業的領導者，當我們開始合作時，他們的規模比現在小得多。而晶苑和我的另一個共通點，是大家都專注在時裝業、製衣業，大家都是思想單一，集中本業，沒有被其他副業左右。

問：我們知道Uniqlo有成為世界第一的願景，而晶苑也希望成為世界第一的製衣企業。你對晶苑有何建議？他們應該如何精益求精地進步？

答：我深深感受到晶苑集團卓越的經營和業務表現，所以也沒有甚麼新建議可以提出了。你知道，從羅樂風先生到羅正亮，雖然他們也會不時面對不同的挑戰，但他們在歐洲、美國以至日本市場的生意都做得非常成功。

我們將會以世界第一為目標，繼續和晶苑一起開疆拓土。從前未曾有人做過類似的事情，有些公司可以在某個領域中做得非常好，卻不會在全世界各個領域都能做到。所以我會說，彼此的合作近乎理想。

問：你是時裝業界頗具視野的領袖，你如何看待時裝業的前景？你可以對時裝業和製衣業做一下預測嗎？

答：無論是時裝業還是製衣業，大家都需要多一點啟發。與信息科技或服務業比較，大家認為時裝、

紡織、零售等是古老的行業，甚至有人將其形容為夕陽行業。然而，就算是對最現代化的生活來說，時裝和零售始終是人類生活中不可或缺的，因此我們應以從事服裝業為榮。

我看到亞洲的時代正在來臨，亞洲將成為一時之盛，我們也正步入一個黃金時代。試想，我們真的值得欣慰，在歐洲有8億人口，美國只有3億，將其中的數百萬人置於先進國家中，就足以建立文明。然而，在亞洲有40億人口，現在正真實地在世界經濟中取得突破。世界的生產和信息的中心，就在中國。晶苑身處的位置非常完美，應該好好利用這個地利，去創造一個繁榮的未來。

問：我們知道互聯網的出現，無論是對營商還是生活，都有巨大改變，你認為互聯網對服裝業有何影響？

答：因為有互聯網和信息科技，世界現正在向一個正確的方向邁進。人人都能非常輕易地搜尋到所有的信息，可以擁有自己的廣播站，無論何時都能和任何人溝通；人與人之間，公司與公司之間彼此聯繫，這就是我們現在身處的世界！因此，國與國之間的疆界，已不能限制企業的業務發展。互聯網將使全世界都變成像中國香港一樣，而香港人其實早已走過世界現正經過的發展之路，因

此通過互聯網，香港人應該可以處於更有利的競爭位置，並且在新環境下也能適者生存。

問：科技界推出了很多穿戴裝置，你認為會否會不會影響傳統的製衣業？例如，T袖或牛仔褲？

答：我相信時裝業一直不斷地進化演變，不過我卻不知道，服裝業會不會發展到被信息科技接管的階段。穿戴科技可以在衣服上加上電腦或Google的產品，但這並不是衣服本身，因此我相信穿戴科技應不會過份扭曲服裝業的發展。

問：Uniqlo推出了很多新技術，例如Heat Tech、AIRism等，不知道晶苑能否與Uniqlo攜手合作開發這些新技術？

答：除新物料外，我們其實需要合作去發掘顧客的需要。例如，Heat Tech之類，長期以來並沒有人認為顧客需要這種技術，我們卻發現客戶的需要和渴求。我們作為零售商，晶苑作為供應商，大家應該攜手合作，去發掘消費者隱藏的需要和需求，這樣我們才能為顧客提供喜愛的服裝。顧客真正需要甚麼，並非顯而易見，他們永遠不會告訴我們，他們只希望我們去發掘。

問：我們見證到Uniqlo 和晶苑的合作和成長，Uniqlo
　　帶給晶苑不少好主意，而且幫助晶苑建立企業文
　　化，尤其是品質管理。大家的伙伴關係如此緊
　　密，令晶苑可以作出長遠的業務規劃，羅樂風先
　　生經常提及向柳井正先生學到很多，晶苑獲益
　　良多。作為合作伙伴，你如何界定雙方未來的
　　發展？

答：在我們這個行業，可以說是不進則退。我們也一
　　定要和擁有類似經營理念的公司合作，只有這樣
　　大家才能在和諧及長遠的關係中好好工作，這是
　　我們的共同需要，而不只是買賣的關係。

輸錢不輸陣，承擔建互信

周健瑜（Iris Chow，晶苑集團T裇及毛衫部營業及運營副總裁）談與Uniqlo的合作

　　我在製衣行業工作多年，Uniqlo可能是唯一真正能與製衣廠結成聯盟的品牌。我們開始為他們服務時，生意額不高。然而，他們已告訴我們一年、五年以至十年計劃，而且能依照計劃實踐。現在，其生意額已是我們日本市場最大份額者，亦是當地唯一的客戶。

　　晶苑和Uniqlo現已互視對方為長期合作伙伴。Uniqlo的特點，是他們非常注重誠信和事前的準備工作。他們會要求供應商在生產前做好詳細的規劃，通盤考慮所有問題，再報出一個合理的價格。

　　他們也要求生產商具有誠信，所有問題都要事先討論，不能在生產中途回頭和他們商討，也不能臨時加價，否則會被他們責備。當然，如果遇上不可抗力，如天災或人禍，他們也非鐵板一塊，若是公道，也可以和他們商量。不過，如非必要，他們都希望我們能言出必行、信守承諾。

　　記得有一次，我們在保安上出了漏洞，替他

們生產的授權品牌，有數百個標籤被盜。事情發生後，我們二話不說，立即道歉，並且及時做出補救和補償。

雖然那次我們吃了大虧，但我們奉行羅先生經常提到的警言「輸錢不輸陣」，該賠的賠，該救的救。事後，Uniqlo很欣賞我們誠信負責的態度，以及非常嚴謹的改善措施，最終不但沒有影響到大家的合作關係，而且變得加倍互信。

七習慣：晶苑人之共同語言
積極主動　以終為始

> 如有員工在工作上各持己見，以往只會僵持不下，難求共識。現時則套用「七習慣」中的「以終為始」之原則，先探究所需結果，以目標為本，集中討論如何達成，工作過程能否「要事第一」、「雙贏思維」、「知彼知己」、「統合綜效」。如此，爭拗遂減，且能迅速達成共識，付諸實行。

引進習慣，融入文化

晶苑為跨國企業，工廠星羅棋布，常須面對跨文化、跨國界的情況，故團隊溝通須有「共同語言」。共同語言並非指彼此以英文或中文溝通，而是能以共同文化、態度和觀點，達成解決問題之共識。

晶苑多年前引進「七習慣」這一理念，本用以培養團隊精神，提升員工軟技巧，冀望有助消除爭拗，改善人際關係，增強凝聚力。及後發現「七習慣」由個人經歷出發，反思自省，能改善思維模式，對性格修養及個人提升，均甚有助益。

如有員工在工作上各持己見，以往只會僵持不下，難求共識。現時則套用「七習慣」中的「以終為始」之原則，先探究所需結果，以目標為本，集中討論如何達成，工作過程能否「要事第一」、「雙贏思維」、「知彼知己」、「統合綜效」。如此，爭拗遂減，且能迅速達成共識，付諸實行。

工作以外，一眾同事在日常生活裡，亦受「七習慣」感染，改變待人接物之態度，工作上備受歡迎，兼享家庭天倫之樂和鄰里和睦之歡。

情感賬戶，促進融和

「七習慣」以「情感賬戶」概念建立和諧關係。

人際交往，無信不立，如銀行提存。建立、維持、增強關係及信任，可視為存款；爭取彼此間之信任，尋求支持及協助，則為提款。

「情感賬戶」理念是鼓勵以正直誠實、相互尊重、友善有禮、遵守承諾、滿足期望、有錯當認等作為待人處世的習慣，久而久之，即可使情感賬戶富足。當需要他人協助時，等於在賬戶提取積蓄的「人情」；。這樣不但能減少磨擦，更能體現「上下融和、超越疆界」之核心價值。

來自不同廠房、不同種族，有著不一樣背景的員工聚首一堂共事，「高效能人士的七個習慣」理念普及後，不論溝通語言為何，於工作態度及待人接物上，均擁有共同文化語言，隨身兼備「情感賬戶」，團隊遂能更和睦相處、同舟共濟，齊向世界第一之未來邁進。

平衡計分卡：規劃實踐之工具
量化理念　路線清晰

> 「平衡計分卡」能將理念量化為行動綱領，再落
> 實為執行計劃，繪成一幅邁向「世界第一」之路
> 線圖。

量化理念，規劃未來

晶苑立志成為世界第一之製衣企業，必須化理念為行動，實際執行，方可免於空想。

羅正亮當時擔任副行政總裁，引進策略管理系統「平衡計分卡」（Balanced Score Card，BSC），協助規劃集團未來業務發展，以助進一步邁向策略性管理。

「平衡計分卡」能將理念量化為行動綱領，再落實為執行計劃，繪成一幅邁向「世界第一」之路線圖。策略重點羅列於策略地圖上，包括願景、財務策略、客戶策略、內部運作策略及人力資源成長策略等。每一個策略目標必須有指標、行動方案及負責者。成功要訣在於嚴格執行已制定的策略目標及行動方案。

此外，我們更需要有中長線的發展計劃來確保晶苑未來的業務發展，這就是晶苑的五年業務發展計劃藍圖。有了這個五年計劃，各業務單位可以清晰地界定如何發展市場重點客戶、擴展生產需要、集資及資金流的需求，將資源適當地分配，並提升效率，讓晶苑有充分條件成為世界第一的製衣企業。

晶苑的企業策略管理模式

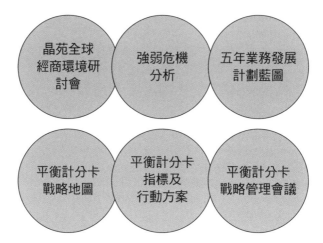

管理智慧：通用電氣之三大啓發
決斷解難 線性評才

> 柳井正先生提出「一勝九敗」，認為屢敗屢戰，
> 終必有成。韋爾奇則鼓勵當機立斷，選擇良方。
> 二者屬不同層次，前者重鬥志，後者重決斷，宜
> 兼容並蓄，視乎情勢，隨機應變。

三大智慧，管理所依

晶苑所借鑒的對象，均為世界最傑出之管理人，彼等之思維、視野及經營哲學，均能對晶苑之運營管理，有所啟發。

於1981年至2001年期間，擔任美國通用電氣（General Electric）行政總裁的傑克韋爾奇（Jack Welch），正屬其中一位。闡述其管理作風的《通用電氣經營之道》一書，對晶苑之管理方向及實務運作，啟發良多。

通用電氣對晶苑之啟發，在於其三大管理智慧：

1. 難當冠亞，不如歸去。
2. 三法決斷，以解難題。
3. 活力曲線，臧否人才。

難當冠亞，不如歸去

韋爾奇指出：「企業業務必須能成為業內冠亞，否則不如歸去！」旨哉斯言！實有醍醐灌頂之功。

不少成功企業家，均有類似主張。如三星電子創辦人李秉哲亦稱：「要做就做到第一，不然就退出！」

企業發展達一定規模後，如不能繼續成長進佔業內前列位置，只能中游浮沉，失去追求卓越之動力，不如急流勇退，及早放棄。

正因為如此，晶苑夙夜匪懈，追求卓越與極致，努力向世界第一之製衣企業邁進！

三法決斷，以解難題

人在商場，挫折司空見慣。時代變遷，科技發展，政策轉向，人事糾紛，無日無之，均不斷為企業帶來難題與挑戰。

遇上難題，如企業難當業內冠亞，或遇「雞肋」項目，食之無味，棄之可惜，應如何處理？

韋爾奇指出，處理問題，務必當機立斷，不能坐視不理，其方法有三：一、千方百計克服困難，正面解決；二、將問題業務轉售；三、壯士斷臂，關閉了事（Fix it, sell it or close it）。

柳井正先生提出「一勝九敗」，認為屢敗屢戰，終必有成。韋爾奇則鼓勵當機立斷，毫不猶豫。二者屬不同層次，前者重鬥志，後者重決斷，宜兼容並蓄，視乎情勢，隨機應變。

製衣屬勞工密集型行業，早年實施配額制度，為求配額，

需如遊牧民族般各地設廠，冀望能利用當地低廉勞動力，降低成本，提升利潤。

創業經年，轉戰各地，問題叢生：成本趨高有之，管理失當有之，前景欠佳有之，配額消失，議決關廠，屢見不鮮。近年因全面取消配額制，晶苑遂專注於亞洲毗鄰地區設廠，發展漸入正軌。

對難以妥為處理的問題工廠，如求售無門，我們毅然關閉。其中以馬達加斯加一役最為決斷。馬達加斯加工廠虧損較深，幸能因時制宜，及早離場。

活力曲線，臧否人才

韋爾奇善觀人於微，認為成功領袖，應具4E和1P這五項特質。以我所見，具4E者（Energy、Energize、Edge、Execute，指精力充沛、善於激勵、果敢決斷、執行力強）易得，兼備1P者（Passion，指對工作與人生之熱忱）難求。

執掌通用電氣時，韋爾奇創制了「組織活力曲綫」。每年按個人表現，他將屬下高級行政人員分為三級：前20%屬A級，次70%為B級，末10%為C級。A級人員可獲股票期權、職位晉升等獎勵，所得往往二至三倍於B級者；B級人員則論功行賞，以公平為原則；C級人員則革除職務，另聘高明。

晶苑亦參考通用電氣模式，對員工表現分五級評核，作為升職加薪及發放花紅獎金之準則。但晶苑並未立即革退表現欠佳者，原因有三：

1. 彼此傳統文化不一，華資企業，始終較重人情。
2. 實施初期，評核標準尚未確立，易生不公平現象。
3. 晶苑一向「以人為本」，冀望能予表現不理想者以改善之機。

對未能達標者，我們積極跟進，冀望其能進步，大部分此等同事俱能於翌年達標。表現差劣者如連續兩三年仍未有改善，只能無奈放棄。

工業工程：數據化生產方式
設計工序　策劃生產

> 經深入了解，我明白工業工程能將生產力以時間
> 量化，可幫助確立科學化及標準化之管理系統，
> 且無論理念及應用，均能改善生產管理，故選定
> 先在毛里裘斯工廠試行。

工程顧問，來港傳藝

工業工程（Industrial Engineering，IE）優點眾多，有助
於設計最佳工序，從而以最低成本、最高效率生產，並能以所
得數據，分析各崗位、各生產線，以至各廠之生產力，考量資
源配置程度如何，生產力能否提升，是否需要改善，等等。

傳統製衣廠，全靠師傅經驗來估算各崗位中不同款式服裝
的產量，並據此預算生產成本、交貨日期、薪金開支等。不同
師傅各施其法，估算各異，數據參差，明知不利於運營管理，
卻苦無解決良方。

上個世紀80年代中期，以美國為總部，享譽全球之工業工
程顧問公司KSA（Kurt Salmon Associates，KSA）向晶苑力
推工業工程，並多次來港，介紹相關理論、執行方法及預計成
果。經深入了解，我明白工業工程能將生產力以時間量化，可
幫助確立科學化及標準化之管理系統，且無論理念及應用，均
能改善生產管理，故選定先在毛里裘斯工廠試行。初期所託非
人，未通其竅，一度有意放棄，後終因擇善堅持，並以電腦支
持，學會解讀數據，運用得宜下，終見成效。其他團隊見狀均

躍躍欲試，遂由1986年起，逐步引進至晶苑各地廠房。

如當日未能堅持，晶苑的發展欠缺工業工程支援，根本難應付現時生產規模所需，更遑論發展成世界第一的製衣企業。

世界級管理模式：取法賢能，精益求精
終身學習　精益求精

> 思而不學，學而不思，均屬不足。學習過程，
> 忌囫圇吞棗，宜取長補短，擇善而從。

終身學習，兼收並蓄

創業46年，無論自己或晶苑，均堅持終身學習，冀能不斷自我完善。

古語云：「君子之學，貴乎慎始」，故須嚴選學習對象，根據自身條件，借鑒世界級機構管理模式，或舉世公認之管理大師智慧，兼收並蓄。

思而不學，學而不思，均屬不足。學習過程，忌囫圇吞棗，宜取長補短，擇善而從。

我們願將晶苑建設為學習型組織，團隊願接受新知，效法世界級管理經驗，向卓越者學習，以成功者為師，觀摩最佳營運實踐，取法乎上，結合實踐，即可奠定邁向世界級之優良基礎。

向卓越學習，不免摸石過河，成功雖非必然，但只需將其視為積聚經驗，每經一塹，能長一智，終有裨益。

晶苑取法賢能，除前述者外，主要包括以下數家。

取法豐田，精益生產

生產管理方面，晶苑所取法者，為豐田汽車「精益生產」（Lean Manufacturing）理念，注重供應鏈管理，改良生產流程，力減生產過程浪費，從而為生產商、客戶及消費者創造經濟價值。

豐田汽車採用「及時理貨」（Just In Time）方式管理供應鏈，自家不存零件，當生產至某一階段，供應商即實時送來所需。此法須供應商與生產線配合無間，事前更須妥善策劃生產流程，於汽車生產，已證行之有效。

同樣理念，製衣業能否通行？我們坐言起行，嘗試引進，發現及時理貨配合工業工程，即能在生產綫上活用精益生產理念，漸成競爭優勢。

借鑒五常，精確分析

日本管理智慧，令人津津樂道者，除精益生產外，尚有「五常法」，用於日常工場管理。

五常法指「常組織、常整頓、常清潔、常規範、常自律」。晶苑再依實際所需，添加「常安全」一項而成六常法，冀能提高工廠之職業安全健康水平。

除生產運作數據化管理外，晶苑還引進「作業成本分析」系統（Activity-based costing，ABC），用以計算生產活動之不同成本，更精確地進行業務利潤分析。

推自動化，保證質素

除工業工程以外，晶苑也積極投資自動化生產。

自動化生產成本雖較高，且易眼高手低，有時未必實用，但我始終鼓勵引進。究其原因，在於成品標準化程度高，質素較具保證，且可替代人力，長遠而言既有助降低成本，又可推動管理現代化。

生產流程，現已引進不少自動化設備，如牛仔褲以激光技術繪紋磨孔、以機械印T裇熨畫等，大為縮短生產時間，所產成品，標準化程度遠勝人手製作。此外，因設計圖樣已同步歸檔於電腦系統，日後如須加製就更簡單便捷。

以 專 為 業　向 卓 越 學 習

三、推行電腦化的歷程

解決電腦系統與企業間的矛盾

全心學習　善用系統

> 先天優化不足，後天頻繁修正，應用電腦系統後，生產力不升反降。本應系統服務企業，反而企業需役於系統，豈非自找麻煩？

初推之時，矛盾叢生

初推電腦化時，有種思維誤差，即企業欲以電腦作操控員工之工具，而非用於提升產能。

其時，推電腦化，本欲借輸入數據，以監察大小活動，同時也擔心重要資料外泄，故要求數據輸入的程序須經多重審批，電腦系統因此未能發揮應有效用，反而助長官僚作風。

經過多年經驗累積，我才逐漸領悟此誤差，實源於電腦系統與企業管理之矛盾。

電腦系統與企業，本無矛盾；惟管理人誤用，問題遂生。

電腦系統本乃服務企業之工具，應用於提升生產力。若用於操控員工，則變內耗能量，令簡單事情複雜化，工作徒添關卡。故實宜以開放、透明態度處理。

不少機構引入系統時，刻意增減功能以適應自家流程，冀望能改善當前運作，卻往往忽視未來需要。或用者對整體系統認知不足，以致未能物盡其用，甚至棄用部分國際標準化組件，大好系統，遂變非驢非馬。

先天優化不足，後天頻繁修正，應用電腦系統後，生產力不升反降。本應系統服務企業，反而企業需役於系統，豈非自找麻煩？

黃金守則，消弭矛盾

2000年，適逢要解決「千年蟲」問題，晶苑於是決定更換全新系統。當時，我就企業與電腦系統之矛盾，總結體會，訂出三條「黃金守則」：

1. 以開放態度改變思維，重訂電腦應用方向。
2. 借鑒世界一級企業之電腦化管理模式。
3. 選定系統後，用者須學習應用流程，而非刻意更改系統，遷就現有欠缺效率之運作。

以上守則，均旨在提升生產力，並冀望能遵循系統之國際標準，改善目前工作流程。因要改變舊有思維，全盤學習新流程，三條守則，曾招來不少議論；惟此方案能一勞永逸，消弭企業管理與電腦系統之矛盾，使電腦系統能真正發揮提產力、助營運之功效，故新電腦系統最終能在晶苑順利推行。

SAP系統：電腦化之轉折點
升級流程　創新紀元

> 德國人重紀律，凡事一絲不苟，工作要求精准。SAP
> 為德國產品，活現此精神面貌。

趁機整合，決意採用

進入2000年，全球電腦均須面對「千年蟲」問題，晶苑亦於電腦化政策方面作出兩大改變。

首先，棄用自家編寫之「電腦商業應用程式」（Computer Business Applications，簡稱CBA），轉為採購市場現有，並符合公司需要之方案。

其次，整合並統一改用高效電腦系統及解決方案供應商，慎選一至兩家合作。

多年來，晶苑之電腦硬件，雖為統一採購，然各分公司以至各廠系統，均屬獨立運作，如同孤島。個別同事，甚至棄電腦不用，仍以手工記錄；歸檔各自為政，管理之紛亂可想而知。

因此，我決定趁機整合，將全公司之電腦工作流程，予以統一，以便管理。此舉影響極深，可謂晶苑發展史上一重要里程碑。

據美國《財富雜誌》報導，全美國100家資訊科技巨企

中，逾78家采用SAP系統，包括大型電腦公司IBM、微軟、惠普，甚至蘋果電腦。既悉各大國際電腦公司，均為SAP用戶，即毋庸再貨比三家，決意採用。

全新系統，試點推行

德國人重紀律，凡事一絲不苟，工作要求精準。SAP為德國產品，活現此精神面貌，系統要求由初始輸入程序起，即須全按規定嚴格執行，前端苟有誤差，便須層層重做，故每進一步，均須小心。

晶苑推行電腦化多年，使用者對舊法早習以為常，一時全盤改變，未能即時適應，工作量驟增，加上對系統認知不深，信心未建，因而怨聲頻聞。

集團信息服務部主管丁自良（Karl Ting）提議，既然系統成本高昂，熟練操作需時，應選一試點先行。我同意此議，經商量後，揀選以羅正亮當時領軍之毛衫分公司作先驅，與信息服務部合建SAP系統。

當年系統屬標準版本，未兼容製衣行業需要，初推時，同事雖已學習新系統，卻未能隨之用於日常運作，自難以牢記，故適應不易，令SAP應用舉步維艱，進度緩慢。

應用兩年，成效漸彰

毛衫分公司試用一年，同事方始適應。其時正逢SAP推出時裝與造鞋業適用之系統，所添功能可處理淡旺季、外判工等製造業特色，分析報告亦見實用。大型運動鞋品牌如NIKE、PUMA、Adidas，甚至內地的李寧，皆成SAP用戶，更

促使其優化系統，客戶應用亦漸次得心應手。

晶苑所用SAP終端對終端（End to End）管理及數據運行系統，由接取訂單至送貨收賬（Order to Cash），當中一切流程，包括訂單及物料處理、生產規劃、產能處理、貨品物流、財政事務、數字統計等，盡能精確處理。

SAP之設計，原乃基於備貨型生產（Make to Stock）模式，而晶苑業務屬訂貨型生產（Make to Order），故為配合實務所需，曾作若干調整；並於其上加設眾多「外掛系統」，各司不同功能，如衣架以骨幹般串連。

毛衫分公司引進SAP，雖過程漫長，適應維艱，但在系統運作兩年後，終能積累經驗，掌握其長，得以將日常運作融入應用，成效漸彰。

全晶苑人奮戰的時光
不眠不休　創新紀元

> 革新之初，阻力難免，管理者要下定決心，改變團
> 隊思維，推行卓越營運模式。當中以強勢領導，輔
> 以齊心團隊，善於應變，方能水到渠成。

選定精英，領軍規劃

SAP推出時裝與造鞋業適用之系統，加上毛衫分公司推行有效，公司上下均認同時機成熟，遂考慮再向前一步，將SAP最新版本推廣至全集團普遍應用。

這比僅在毛衫分公司使用規模龐大多倍，資訊服務部先設計全集團應用藍圖，包括毛衫、牛仔褲、T裇、內衣等分公司之運作。由於涉及整個集團運作之革新，責任重大，我們委派執行董事王志輝負責全集團轉用SAP之流程及前期準備。王志輝極為熟悉廠務運作，工作效率高，不喜蹉跎光陰，既有獨特見解，又能兼聽四方，領導革新，自屬理想人選。

沙士歲月，室內奮戰

那時，王志輝於集團總部選定一室，定名「戰鬥室」（War Room），然後召集各分公司負責業務與生產單位之管理人員，與信息服務部同事，共數十位並肩作戰，他規定眾人每日下午4至8點，埋首室內，共研「SAP整合大計」。其主要要求包括：

1. 新系統須貫徹多個部門，由報價至送貨所需，能全面

提高各工作團隊效率。

2. 為總部及各分公司提供實時綜合數據，不論何時何地，均可於遠端取用。

3. 與SAP國際通行之原框架共融。

4. 建構高度標準化、透明化信息科技宏圖，可供各生產不同類型產品之分公司共用。

「戰鬥室」眾人皆認真投入，先於牆壁上繪出多家分公司的整個工作流程，由銷售、生產、出貨至收賬等程序，鉅細無遺，再共研如何與SAP系統平台整合。

所訂整合藍圖，所涉範疇繁多瑣碎，唯恐掛一漏萬，眾人均小心翼翼，竟致廢寢忘食；不覺夜闌，挑燈奮戰，屢屢通宵達旦。由此，顯見晶苑人因公忘私、大我為先之團隊精神，令人動容。

當時正值2003年，香港非典型肺炎（SARS，又稱沙士）肆虐期間，熟悉業務者本應四處公幹，卻因流行病而不宜遠行，滯留香港，正好共襄大計。集團上下奮戰數月，SAP系統初稿終成。

系統支援，一統互通

此次「集團版」初稿先在T袖分公司試驗，等見成效後，再在其他分公司分期推行。此後，全集團均統一以SAP系統支援。多年來，SAP曾歷數度升級，時為大改，時僅微調，晶苑皆能緊貼，同步更新。

經SAP支持，集團之信息流通，遂得以化繁為簡，足以應

付目前極大規模之生產管理。無論何時何地，管理層均能以電腦掌握各實時數據，由整體業務、各分公司、國內外工廠，以至個別訂單，均可一目了然，SAP已成數據化管理不可或缺之元素。

對集團長遠發展而言，SAP更具優勢。各生產線現已組成不同系統模塊（Module），開設新廠時，只須安裝模塊套件，即能迅速接軌主機，生產流程等所須信息，盡在掌握，新廠遂能快速投產，大大節省時間。

晶苑之生產規模，已非昔日可比，如欠SAP系統支持，管理問題勢難從容解決，邁向世界第一之路恐變得遙不可及。

革新之初，阻力難免，管理者要下定決心，改變團隊思維，推行卓越營運模式。當中以強勢領導，輔以齊心團隊，善於應變，方能水到渠成。

選用先進系統之理念與心法
四重理念　四大心法

> 快人一步，往往能領導群雄，亦能得以早享成
> 果。武俠小說家常言：「天下武功，無堅不摧，
> 唯快不破！」

團隊配合，四重理念

系統運作順暢，有賴執行。先進系統，如欠團隊配合，亦無用武之地！

在引進SAP的過程中，晶苑人突顯以下四重獨特理念：

1. **團隊精神，大我為先**：為使SAP系統運作順暢，團隊秉承大我為先，上下一心，夙夜匪懈，不辭承擔額外工作。

2. **隨時轉變，擇善固執**：昔日應用電腦經驗，雖未如人意，但團隊信任管理層之選擇，樂意同心同德，以追求卓越心態，轉用嶄新系統，冀望能達至最佳效益。

3. **人無我有，人有我優**：大家持一致目標，向世界第一之製衣企業奮進。儘管適應需時，仍能無怨堅持，將世界一級電腦系統及軟件，融入日常運作中，借此開創「人無我有，人有我優」之競爭優勢。

4. **改變思維，提升效能**：管理層能摒棄以電腦操控員工之錯誤思維，重訂策略，用以提升產能及營運效率以人役物，而非人役於物。

四大心法，執行金鑰

執行電子化的過程，一步一腳印，實踐所得歸納成科技應用四大心法，可謂執行之金鑰：

1. **黃金守則**：採用蜚聲國際之頂級系統，借鑒其智慧，以不改動原有邏輯思維及框架為原則，促使集團接軌國際標準，力求達臻系統標準化。

2. **以簡制繁**：資訊服務部服膺之座右銘，為「KISSS」當中各具深意：

    ◆ K = Keep （保持）
    ◆ I = It（它，指事物）
    ◆ SSS = Simple; Standardized; Speedy（簡單、標準化、迅速）

    簡單的三個S，提綱挈領，指出應用電腦之道，在於「以簡制繁」。

3. **快人一步**：以速度取勝，往往能領導群雄，亦能得以早享成果。武俠小說家常言：「天下武功，無堅不摧，唯快不破！」與晶苑率先採用SAP，制勝商業競爭，道理如出一轍。

4. **共享雙贏**：雙贏為「七習慣」之一，乃晶苑企業文化的一部分。推行SAP後，冀望部門及分公司能互享得失，共同進步，提升產能，服務客戶，達至共贏。

上述四重理念、四大執行心法，非只見電腦化進程，亦早融入晶苑的日常管理中，潛移默化，已成為企業文化之組成元素。

SAP應用獲獎，達致世界第一
進入殿堂　榮獲冠軍

> 丁自良即以嘹亮聲線，在台上回應：「我來自香港，是中國的一個城市，我是中國人，是香港人！」立時全場掌聲雷動，SAP系統為中國、為香港、亦為晶苑爭光！

成效昭彰，亞洲第一

晶苑採用SAP系統後，成效昭彰，屢獲SAP公司頒獎表揚，並常應邀以模範客戶身份，與其他客戶交流分享。

SAP公司以嚴謹態度考核，定期衡量用戶能否充分應用系統，標準認證共17項，每項皆具學問。其中，基礎級須通過四項認證，香港僅三家公司通過，包括中華電力、香港鐵路和晶苑集團。

百尺竿頭，更進一步，晶苑於更高一級認證中，名列亞洲第一，獲SAP公司提名參加國際比賽。

比賽於2008年在愛爾蘭舉行，決賽入圍五家公司，均須派代表到場發表演講。晶苑代表為集團資訊服務部總經理丁自良。

宣布名次當日，丁自良接獲通知，晶苑獲得年度世界冠軍，須於四小時後舉行之頒獎禮上，分享經驗。

台上爭光，屢獲殊榮

結果宣布丁自良上台時，但聞台下議論紛紛，眾人皆是詫異，該項比賽竟打破先例由亞洲人奪冠。更有俄羅斯代表，詢問站在台上的是不是日本人？

丁自良即以嘹亮聲線，在台上回應：「我來自香港，是中國的一個城市，我是中國人，是香港人！」立時全場掌聲雷動，SAP系統為中國、為香港、亦為晶苑爭光！

其後數載，晶苑常保亞洲區冠軍席位。2011年，再更於西班牙馬德里脫穎而出，再奪世界冠軍殊榮；2013年赴德國SAP總部參賽，亦榮膺亞席，排名僅次富豪汽車。

對SAP而言，晶苑並非生意額最高之重要客戶，對其整體盈利貢獻有限，然晶苑三度勝出國際賽事，故亦獲邀晉身SAP名人殿堂（Hall of Fame），與七、八家跨國企業並列。晶苑乃當中首家亞洲企業，規模亦為最小者。

香港方面也捷報頻傳，在內地與香港企業市場發展促進會（EMDA）舉辦的「2014年大數據分析獎」評選中，晶苑榮獲「製造業大數據分析獎」。主辦方表揚晶苑能將運營數據納入管理範疇，系統可實時整合世界各地數據，方便管理層分析、預算及籌劃高效執行方案。

晶苑以邁向世界第一之製衣企業為目標，而於應用SAP上，已率先達致世界第一水平；具此佳績，資訊服務部能秉持大我為先，向卓越學習，善用其器，著實功不可沒。

第四章：核心經營之道

團隊篇

以人為本　重培育英才

第四章 核心經營之道～ 團隊篇

以 人 為 本　重 培 育 英 才
一、以人為本的團隊文化

晶苑人的「基因」內蘊
以人為本　晶苑價值

> 團隊成員若能以目標為本，集思廣益，同心合力，善於應變，終身學習，團隊又豈會不團結？公司又豈會不進步？

人才之路，分段發展

企業以人為本，業務由人推動，故晶苑極重視人才。

晶苑發展至今，已歷46載，招聘徵賢，發展人才之路，由難而漸易，由窄而漸寬。數十年來，人才之路可粗略分為以下四個主要階段。

第一階段，創業伊始，可喻為山頭處處，各自為政之局。其時忙於招聘及挽留人才、應付辦公室政治、處理人事磨合等，飽受煎熬，往往精疲力竭。

第二階段，始於推動企業文化，後經多年努力，團隊漸統思維，以人為本精神具見雛形。

第三階段，引進七習慣理念，團隊漸擁共同語言，進一步

深化企業文化，凝聚人心，逐步實現無疆界組織。

第四階段，推行可持續發展，上下一心，共同努力實現「以人為本、大我為先、關愛世界」之企業，並開展未來領導培育，發展接班梯隊，冀望能助晶苑邁向世界第一，永續經營。

以人為本，並非空談

「以人為本」，反映「大我為先」精神，亦為我多年來於晶苑全心全力推動之企業文化。在晶苑團隊，以人為本」非僅口號一句！而屬深入人心、身體力行之企業文化，上下均能尊重「人」之價值。無論待人接物、工作處事，皆能換位思考，先想對方所需，並注重各利益相關者，包括員工、客戶、股東、社會，以至全人類之福祉。

晶苑之制度設計亦循以人為本、崇尚人性化管理之道，並能深入各階層，成為晶苑人共享文化。

晶苑之企業文化，獲不少客戶和同行贊許，譽為業內最成功者之一，並屢獲相關獎項，以資鼓勵。

團隊一心，值得信賴

我們注重團結、溝通和交流，屬下各分公司及部門間，不存在惡性競爭，反能互相學習。各級員工均視公司業務為己業，投入時間、心力不在話下，更屢獻良策，幫助公司成長進步。

晶苑的商業合作夥伴及客戶，包括日本迅銷有限公司主席柳井正先生、香港德永佳集團主席潘彬澤先生、互太紡織控股

有限公司主席尹惠來先生等，皆稱譽晶苑團隊上下一心、以客為先、應變力強、管理層穩定性高等，值得信賴。

　　團隊戰員若能以目標為本，集思廣益，同心合力，善於應變，終身學習，團隊又豈會不團結？公司又豈會不進步？

晶苑徵才、用才與育才之道

王志輝談個人體會

促膝夜談，聆聽匯報

我在1982年加入晶苑，最初八年主要在海外工作，曾派駐中國和馬來西亞，並於1986年調至毛里裘斯任職總經理。

上個世紀80年代，信息和交通均不如現在方便，我每年只有幾次機會與羅先生會面。

羅先生與羅太太每年必定安排時間到訪國內外工廠，一為了解工廠管理情況，二來更重要者，是想聽取同事意見，並為同事打氣。

記得當年，香港飛赴馬來西亞及毛里裘斯的航班，往往於深夜抵達，每次他們剛抵達，即會邀我到酒店商談，徹夜聽取滙報。

鼓勵承擔，善徵人才

難得與羅先生見面，我儘量把握時機，將遇到的困難一一向他們彙報。然而，羅先生往往不會直接給予答案，而是只分享其看法與經驗。當時我大惑不解，羅先生既是老闆，為何不直接下達指令呢？

及後，方了解他希望我們身負管理職責者，能因時制宜，承擔起責任。上司只須讓下屬知道何謂要務、重點何在、公司最終目標為何；並與下屬分享經驗，借此希望他們能多注意某些細節，為可能遇到的問題未雨綢繆，而非不斷下指示，代下屬作決定。

我於1989年被調回香港，負責Ｔ裇及梭織部門，到1995年晉升為集團執行董事。回香港工作後，我有更多機會接觸羅先生，從旁觀察，對他徵才、用才和育才的哲學有了更深入的認識。

徵選人才，除個人學識才幹外，羅先生更看重其是否誠信、工作積極性如何、是否願意持續學習及接受改變。當中，羅先生最重視下屬的自我學習能力。他經常說，一個人今日能幹，但一年後、五年後又如何？世界不斷進步，競爭對手也不會停步，如果未能與時俱進，抱殘守缺，停留於過去的處事方式，企業最終將難逃遭市場淘汰之厄運。

重視權責，充分授權

用人方面除考慮學習能力及工作表現外，羅先生更重視每位同事的責任感與個人修養。

他也常說「權責」二字，權力和責任本應是相生相隨。不管職位多高，沒有責任感的人，其權力是

虛弱的。如想讓同事尊重你的決策，齊心協力工作，就必須對自己的決定承擔責任。

育才方面，除鼓勵同事學習及接受培訓外，羅先生認為最重要是充分授權，鼓勵他們自行處事，於實戰中磨練學習。羅先生相信，當同事擁有自主權後，即使第一次處事時未能達到100分，甚至失手碰釘，但他在過程中所學到的，遠比事事牽手教導所得更多。當他第二次、第三次再做相類工作時，便會利用積累到的經驗，自然能一次比一次進步，最後結果可能超出預期。

潛移默化，成就團隊

羅先生以自我言行，實踐出「大我為先」，「以人為本」的理念，並成為大家學習的榜樣。潛移默化下，晶苑培養出獨特的企業文化及價值觀，育成一支具有工作熱誠、虛懷若谷、隨時學習，並且重誠信、有承擔、願受磨練的高效團隊。

同分享、齊關懷、共成長
以正能量　傳遞愛心

> 企業員工來自五湖四海，文化背景各異，故推動員工關愛，首先要尊重多元文化，務遵「以人為本」之綱，「同分享、齊關懷、共成長」之領。

引以為戒，尊重個人

血汗工廠不絕、濫聘童工、工業意外頻發、工人不勝壓力自殘等現象，新聞報導時有揭露。更曾有工廠宿舍，為防員工盜竊夜間上鎖，卻不幸發生火災，致傷亡枕藉，令人聞之黯然。

問題根源，除管理不善外，亦缺乏對「人」之尊重。

以內地工廠為例，工人為謀生計，不惜千里迢迢，由外省遠赴廣東工作，家中老少乏人照料，企業又豈能漠不關心？

晶苑以此為戒，不論員工職位高低，均尊重其「人」之價值。

關愛員工，崇尚和諧

員工來自五湖四海，文化背景各異，故推動員工關愛，首先要尊重多元文化，務遵「以人為本」之綱，「同分享、齊關懷、共成長」之領。

晶苑旗下不少工廠，均設關愛中心，由駐廠輔導員聆聽員工心聲，使其能一訴思鄉離之情，或紓解情緒困擾。如涉公事，關愛中心即予轉介，由管理層或負責者跟進及回應。

日常工作，生活細節，亦無一忽略，如在車間設置防滑墊，以保障需長站員工安全；婦女節日，高層管理者向女員工獻花；冬夜禦寒，延長宿舍浴室熱水供應時間；等等。

內地同事，習慣午休，東莞廠房於該時段熄滅照明，並於指定地點設置臥椅，供員工飯後小憩，以適民情。

民以食為天，廠方儘量照顧不同省籍員工的飲食口味。如東莞工廠，不少員工原籍湘鄂，無辣不歡，故指示飯堂，每餐必備風味辣菜。北方人飲食異於南粵，除米飯奉膳外，增設麵條餃子，以供北方員工選擇。食知其味，自能觸發幹勁，亦減其思鄉之情。

關懷延伸，惠及家人

晶苑視員工家人為大家庭之一員，常鼓勵員工家屬參與公司活動，使其能了解員工的工作環境，領會企業文化，並藉此挽留人才。

不少內地同事，夫妻皆任職晶苑，故企業在安排宿舍時，必會儘量預留夫妻房。此舉以合人情，亦能提高歸屬感。

關愛文化，延至社會

尊重個人，向來是我的座右銘，晶苑以人為本，推行家庭式關愛，亦早已融入企業文化中。

新入職者，均須接受企業文化培訓，以明晶苑「以人為本」精神；對基層員工，則於工作中安排實踐機會，讓其親身體驗，效果較上課為佳。

施比受更為有福，故公司在內地與香港，均設義工團隊（國內稱為志願者團隊）。對員工參與義工服務、關心社會之舉，公司常予鼓勵，並儘力安排活動，如照顧長者及弱勢群體，以及植樹、捐血、助學等。此舉有助於宣揚「以人為本」理念，使其漸成共同語言，並有助于提升員工精神文明及個人價值。

員工流失率低，團隊方能穩定，從而發揮高效，亦能減免招聘成本。觀乎廣東各處，工廠均鬧人工荒，如純以功利出發，口言關愛，表裡不一，或僅付較高工資，冀望以此留住工人，實難凝聚人心，恐亦效果不彰。

認同文化，減少流失

「大我為先」為晶苑之理念，故晶苑極重大我與小我之間的互動。

新人入職，即為「小我」，自需適應「大我」環境。如有個別新人，不認同此價值，甚或未能適應，自會離去，故能留下者，皆已認同晶苑的企業文化。

晶苑管理階層，人事變動率頗低，高層管理者流動率更近乎零，於集團工作二、三十年之管理人員比比皆是。究其原因，乃眾人皆服務多年，認同晶苑之企業文化，歸屬感強、責任心重。縱使間有離職者，開始時在外工作，即能有所比較，明白晶苑「以人為本」的理念確有優勝之處，因此不少人已重返晶苑之家。

中山益達牛仔褲廠以人為本的故事

雷春講述親身經歷

愛心基金，資助貧困

　　阿玲是中山益達牛仔褲廠的一位工人，不幸罹患癌症，當時連自殺的力氣都沒有。後來，晶苑發動員工為她籌款，還負責她的醫藥費用，阿玲奇蹟般地痊癒了，康復後又回來工作。公司特地安排她加入物流部，處理較為輕鬆的事務。該廠人力資源部主管林泉龍有見於此，以員工關愛作為基礎，建議組織一個愛心基金，以幫助有需要的員工。愛心基金主要由員工們捐獻，公司額外資助。如遇上員工患病，沒能力支付醫藥費時，基金就會代為支付。

　　員工的直系親屬，也可受惠於這個基金。幾年前，有一位中山工廠的員工，父親需要做手術，但家裏真的沒有錢，他就去找員工大會主席請求幫助，愛心基金因此批了一筆錢給他，作為他父親的手術費。

探訪家屬，真切關懷

　　《中山企業跋涉千里抵鄂山村給優秀員工拜年》，這是《南方工報》一篇報道的標題。當時，

為了給連續三年獲得「優秀員工」的楊勇拜年，中山益達牛仔褲廠人力資源部主管林泉龍和幾位同事一同帶上禮品，遠赴千里之外的湖北。他們租了一輛大巴，去楊勇家探望。春節返廠時，公司還把這位優秀員工的爸媽、妻子、兒女一同接到公司的春茗晚會上，讓員工及其家人真真切切地感受到了公司的關懷。

馬來西亞關廠誌

黃綺麗（Tina Wong，晶苑集團T恤及毛衫部助理總經理）憶述告別馬來西亞工廠

晶苑設於馬來西亞的工廠，於1976年成立，名為Palace Garment。早期該廠曾發生過勞資糾紛事件，有工人抬著紙棺材到廠抗議。

後來，公司派了現任集團執行董事王志輝擔任主管，積極推動「以人為本，關愛員工」運動，最終令當地工人大為感動，廠內無論上下，就像家人般融洽相處。

當時，我是馬來西亞工廠的銷售經理，也以能成為團隊的一分子為榮。同事們每天努力打拼，當時的成績和產能，也相當出眾。

後來，因為出口配額取消，面對成本上漲，集團需要轉型，不得不放棄在馬來西亞的生產設施，並計劃關閉工廠。

這是一個艱難的決定！一班共事30年的同事，親如手足，一旦分離，這份深厚感情，真叫人惋惜。其中不少中層管理人員，都是由基層晉升上來的。他們經過晶苑的培育後，提升了個人的能力，已經不愁找不到新工作，所以大家都心存感激。

當消息傳至工廠，同事均表示明白公司處境，但大家仍然齊心協力，不僅沒有鬆懈，反而更積極地想盡辦法提升效率、減低成本，希望工廠能多生存一天就多一天。工廠品質主管亦以無私精神，將獨到的管理經驗，傳授予毛里裘斯工廠，令公司能繼續在彼邦服務同一客戶。

全廠上下眾志成城，共同努力降低成本，使得關廠計劃推遲了好幾年，最後工廠於2006年光榮結業，為Palace Garment畫上了圓滿的句號。

工廠正式結束當日，羅先生、羅太太親自來到馬來西亞，參加工廠的結業午宴。原本以為是有些尷尬的場合，想不到迎接他們的，竟然是一場愉快的派對。

賓主雙方不但未存芥蒂，而且同事們還落力地演出各種節目，以表達對公司的感謝，場面令人很感動。

想不到一間工廠結束業務，也可以在歡樂的氣氛下完成，大家能開心分手，實在值得回味。

以 人 為 本 　 重 培 育 英 才
二、工作應有態度

享自主權，正面擔責
工作在手　達標有責

> 公司既委派工作於你，你即成為主人，須一力
> 承擔，有責任達致所許目標，不負公司期望。
> 凡未能達標者，務須反省。

自主承擔，齊心合力

　　晶苑執行「個人責任制」，其意義眾所周知：「公司既委派工作於你，你即成為主人，須一力承擔，有責任達致所許目標，不負公司期望。凡未能達標者，務須反省。」

　　晶苑一向注重充分授權，管理委員會訂立目標後，即授權予分公司，再下達至不同部門主管，如臂使指至各級人員。員工皆已充分授權，自決如何達成任務，隨之須作出承諾，訂出彼此同意之工作目標，並致力達成。

　　每遇重要的新項目，則先做可行性研究，在確定執行方法後，成立指導委員會及工作委員會，各委派一負責人主領項目，直至完成。當中人員各司其職、各盡其責，齊心合力完成任務。

指控斥責，無助解難

以人為本，要求團隊不容許卸責及指控文化，遇事應持正面態度，先欣賞貢獻，後評價表現，而非雞蛋裏挑骨頭，吹毛求疵。

晶苑文化，向來以解決問題為先。事後方檢討責任、言論及態度，講究對事而不對人，商量而非訓斥，互相指罵於事無補；問責並非找人祭旗，旨在商討改善之法，以免重蹈覆轍。

管理者應具備企業家精神，開拓創新往往比蕭規曹隨更易出錯，如能於錯誤中學習，汲取教訓，則進步可期，個人及公司皆蒙其利。晶苑推行充分授權制，鼓勵同事自主，多學多做，即在於此。

領導之道，以人為本
正直誠信　公道為先

> 企業領導者、上司或部門主管應嚴於律己，以身作則，較下屬更顯「以人為本」作風，方能服眾。

領導風格，十大要點

作為企業領導者、上司或部門主管，應嚴於律己，以身作則，較下屬更顯「以人為本」作風，方能服眾。

我訂定以下十項「以人為本」之領導風格，願同員工們共勉：

1. 發揮領導魅力，贏取團隊尊重及信任。
2. 以身作則，身體力行。
3. 正直誠信，公道行事。
4. 透明度高，言出必行。
5. 待人處事，去官僚化，絕不假公濟私。
6. 具責任心，常自省得失。
7. 下屬表現欠佳，上司承擔有責。
8. 下屬士氣，切忌打擊。
9. 深具遠見，為公司可持續發展做出貢獻。
10. 鼓勵員工同心協力，視公司目標為自己的目標。晶苑的目標即為：共同邁向世界第一之製衣企業。

遇到問題，恰當解決
換位思考　易地而處

> 如僅將涉事員工調至他處，只如鴕鳥埋首，不能根治問題。如屬個人操守問題，調動職務，實乃將問題轉送至其他部門，效果恐適得其反。

對人對事，易地而處

多年以來，我待人處事，均先為別人設想，以對方所需出發；所下決定，均先思量有否傷害他人，是否有愧於人，他人感受如何。

記得我那時年紀尚輕，在父親的合資企業主管生產。我經常目睹某洗衣房主管，工作散漫，陽奉陰違，遂直斥其非，然其不懂自省，更以諸多藉口企圖開脫。當時我年少氣盛，竟還以粗言！

及後回想，其人工作不誠，遲早定遭解僱，而我作為管理人員，理應自重，亦應重人，今以一時之氣，粗言指罵，不禁心有戚戚。

我自省有錯，遂於翌日親往他處道歉：「非常抱歉，昨日以粗言斥罵，對不起！」此舉乃尊重「人」之價值，衷誠致歉，亦非辱事。

經多年努力，我在晶苑建立「以人為本」文化之企業文化。同事相處如大家庭，罕有嚴重衝突。偶爾因工作矛盾，或

有不和，亦只對事，非針對人，更不容許出言侮辱對方，這充分體現了尊重人之核心價值觀。

清晰交代，避免爭拗

如員工間存在矛盾，相處不和，管理層必須親自了解情況，探尋核心所在，然後徹底解決問題。

根據經驗，如僅將涉事員工別調他處，只如鴕鳥埋首，不能根治問題。如屬個人操守問題，調動職務，實乃將問題轉送至其他部門，效果恐適得其反。

除以人為本外，晶苑尚秉承高透明度、個人責任制等核心價值。交代任務務必詳細，清晰溝通後共訂目標、衡量標準及公司期望。明白規則所在，方予放權，由對方自主完成任務。

最後如未達標，因權責指標早已明言，彼此認同，問責之時可免爭拗。如對方出爾反爾，則表明其欠缺擔當，難委重任。如不認同權責指標，應反對於初，或提出自己的建議，而不能事後推搪。

以 人 為 本　重 培 育 英 才
三、人力資源策略

未雨綢繆：紓解人力資源危機之道
預測需求　自行培訓

> 晶苑集團規模日大，企業文化別具特色，亦難
> 於業內徵才，故思以內部培訓，擇賢晉升，應
> 較切合需要。

管理人才，著實難求

晶苑創業46載，上下努力不懈，漸將他人口中所謂的夕陽
行業，轉化為驕陽行業。

雖有光明前途，但每當招聘中高層管理人才時，卻又極難
於市場納得賢者。因業內以中小企業為主，有能之士，早居要
職，或自行創業。再則，經驗符合者，年齡也必不輕。

中國人口雖多，且開放多年，然欲求曾受正式製衣訓練之
管理專才，仍感欠缺。加上製衣實業，需勤勞苦幹，晶苑廠房
又多地處偏僻小鎮，對初學有成、胸懷壯志者，吸引力自然有
所不及。

製衣業求才若渴，卻非年輕一輩夢想所依，招攬新一代入
行，殊非易事。不少同業，家族後輩眾多，然接班重責，願承

擔者亦難求。

青黃不接，培育人才

製衣業管理人才斷層，年輕一輩入行者稀，優秀人才早已青黃不接。

晶苑力求邁向世界第一，據所訂五年及十年計劃，集團規模將迅速擴大。現有人才，勢難應付未來所需；接班管理梯隊，同現青黃不接，補給不足，勢必影響集團擴張計劃。

在現有管理層退休後，企業恐難更進一步發展，故須未雨綢繆，培養接班梯隊。近年以來，晶苑極其注重培養年輕人才，力求做好接班人工作並為未來發展儲備人才。

內部培訓，擇賢晉升

晶苑集團規模日大，企業文化別具特色，亦難於外界徵才，故思以內部培訓，擇賢晉升，應較切合需要。究其優點，主要有三：

1. 內部提拔，晉升有途，較受現有員工歡迎。
2. 如外聘高級管理人員，空降者未必能迅速適應晶苑企業文化及運作模式，與原有團隊磨合需要時間，易生管理問題。
3. 在晶苑工作及發展經年者，相信已認同及接受晶苑之企業文化，歸屬感強。經培訓後，他們便可以加入管理團隊，較空降者事半功倍，更易發揮作用。

適應文化，具備特質

無論聘用人才的職位高低，我們都注重其能否適應晶苑之企業文化。

在招聘較高職位時，我會向應徵人以前的同事或朋友，諮詢應徵人的行事作風，冀望能聘得適合晶苑文化之人才加入團隊，共謀發展。

凡新入職管理人員，我均冀望其能具備以下特質：

1. 目標為本，即能「以終為始」。
2. 能與團隊合作，是「合群者」（Team Player）。
3. 具備領導才能，能表現策略性領導能力。

新加盟之管理人員，需接受一系列迎新及培訓活動，以助其儘快適應企業環境、文化及運作模式，從而儘快投入工作，積極做出貢獻。

未來晶苑需要多少人才？

羅正亮談晶苑的人才需求

我給現在的管理團隊一個非常艱巨的任務，即在大家退休前，一定要在各單位建立接班管理團隊。

晶苑現有60多位副總級以上的高級管理人員，但也僅能應付日常運作。當公司規模進一步擴大時，就須增加多一倍的人手，即需要逾100位高級管理人員就位，聘用、培訓和內部擢升的工作，需要立即展開。

除須增加管理人才外，管理人員質素也需相應提高。之前香港工業界所聘用的管理人員，教育程度普遍不高，大學生更少；現時教育比過去普及，人才質素也全面提升，應該較易招攬到思想成熟、能力全面的管理人才。

對於管理團隊的接班問題，兩三年前我已開始和下屬討論。當時，他們未曾感到有燃眉之急，現在則普遍明白我的顧慮，紛紛開始安排接班人選及培訓未來人才。

為滿足未來管理人才需求，我希望每家分公司都要儲備30至40位30多歲，能在10至15年後接班

的人選。如果分公司現時手上只有少於10位有潛質的接班人的話，就須加倍努力，馬上開展人才培養行動。

　　領袖及管理人員的培育，是企業傳承的重要一環。只有投入資源培育人才，我們才有信心，到大家退休時，公司有足夠的管理人員，並繼續扶植下一屆管理團隊，繼續為晶苑的永續經營做出貢獻。

矩陣架構：各人力資源部分工合作
總部支援　規劃溝通

> 各分公司均可自主推出有利於員工之新措施。其
> 他分公司，亦可按實際情況參照推行，間或微調
> 修訂，早已習以為常。

總部支持，規劃人力

　　晶苑除總部外，現有五家分公司，每家均設獨立的人力資源部門。其主管直屬該分公司總裁，處理分公司及屬下工廠之人力資源日常事務，包括人員招聘、工資計算、員工關愛及培訓、監察法規及客戶守則之執行，並協助建立晶苑品牌。

　　集團人力資源部，則負責未來人力資源規劃、發展，以及政策制定，與各分公司之人力資源部門，並非從屬關係。若不涉法律範疇，不衍生內部矛盾，各分公司均可自主推出有利員工之新措施。其他分公司，亦可按實際情況參照推行，間或微調修訂，早已習以為常。

　　集團人力資源部的功能與集團其他專業部門相似，皆為各分公司提供支持，並制定及完善集團整體人力資源發展戰略及規劃。其具體要務有三：

1. 審視員工所缺之技能或知識，加以培訓。
2. 謀劃集團整體的人才需要及發展，尤其要關注管理團隊。
3. 負責人力資源管理之交流及集團主導的培訓活動。

工資政策：善於設定目標收入
收入穩定　多勞多得

> 如工人某月收入增加，下月卻因訂單不足收入
> 劇減，只能支取最低工資，則員工情緒會受到
> 影響。若此成常態，更勢必影響士氣，打擊工
> 作積極性，員工易生離心。

穩定收入，提高士氣

製衣同業皆按績效計算工人收入和獎金。所不同者，晶苑
以人為本，明白員工皆望收入穩定，安居樂業。如工人某月收
入增加，下月卻因訂單不足收入劇減，只能支取最低工資，則
員工情緒會受到影響。若此成常態，更勢必影響士氣，打擊工
作積極性，員工易生離心。

有見及此，晶苑特以大數據計算每位車工的生產效率，為
車工訂立目標收入（Target Earning）。對高效率生產者，加發
額外獎金，以作鼓勵。

以晶苑東莞T袖廠為例，車工目標收入約為市場平均水平之
115%。而其實際所得，多能超越目標，有努力者收入甚可逾倍於此。

此舉並非鼓勵不勞而獲，實乃因應製衣業季分淡旺之特
色，借此讓工人收入穩定。

所幸晶苑目前淡旺季業績雖異，但訂單數量相差卻不明顯，工
人每月工作量及收入大致穩定，加上企業文化強調「以人為本」，
力推各項大家庭式軟措施，遂能凝聚工人向心力，團隊亦趨穩定。

工作表現考核：以目標為本度量績效
制度透明　賞罰分明

> 部分管理人員不適應採用與利潤掛勾的制度，認為能否達標，存在眾多外在及內在因素，故不應以利潤作為評核標準；亦有人認為量化考核制度非製衣業傳統，績效管理反倒產生壓力，因此反對聲音此起彼落。

按績量酬，客觀公平

　　傳統製衣行業，如欲持續發展，必須以結果為先，於利潤及滿足客戶需求上，尤應目標為本。

　　羅正亮工商管理專業出身，慣以科學化標準衡量得失，對量度管理人員表現之準則，力求客觀，冀望能鼓勵同仁以目標為本，以終為始，推動晶苑成為「績效表現主導」、獎罰分明之現代化管理企業。故晶苑引入通用電氣結果為本的客觀度量準則，配合獎罰分明的「績效管理制度（Performance Management System，PMS）」。

　　管理人員表現向來難以量化，如求實效，應以目標為本。

　　每年年底，我均個別會見管理人員，商議來年目標，並根據工作崗位及性質，制定關鍵績效指標（Key Performance Indicators，KPI）。營運半年，作中期檢查；至年終再考核，檢視其能否達致既定目標。

有效執行，上司有責

KPI乃PMS之中量化管理人員表現之重要工具，兩者均非晶苑獨創，不少跨國企業及大型機構均有採用，具體到執行細節，各師各法，成效參差不齊。

依我經驗所得，執行KPI時如遇問題，常存在於溝通之中，即上司有否定期約見下屬，檢視達標進度，究其得失，共探原因，提出建議，並對如何改善予以記錄。

如上司未盡其職，未定期與下屬溝通跟進，員工即無從得知其表現如何，是否達標，所獲考核是否公平，更遑論如何改善，恐只後果堪虞。

試點推行，優點漸顯

PMS推行之初，阻力難免，部分管理人員不適應採用與利潤掛勾的制度，認為能否達標，存在眾多外在及內在因素，故不應以利潤作為評核標準；亦有人認為量化考核制度非製衣業傳統，績效管理反倒產生壓力，因此反對聲音此起彼落。

有見及此，我反復思量，如堅持一夜變天，易招怨聲載道。遂決定先以毛衫分公司為試點，根據執行中所遇問題作出調整毛衫分公司初具成效後，方於其他分公司推行。

PMS實施經年，團隊漸明白利潤表現與增長，對企業生存及發展非常重要，亦能接受「目標為本」及「獎罰分明」之制度。由於PMS透明度高、公平公正，能正面激勵管理人員力爭上游，現已深獲員工支持，執行上已日漸順暢。

以 人 為 本　重 培 育 英 才
四、廣納及培育人才

聘儲備生：培養未來接班人
育我青苗　樹立成才

> 儲備生一直留駐業務部或生產部工作，在完成培訓計劃後，將分擔管理職責，故主管須悉心栽培，為部門培育優秀的未來管理人才。

校園招納，儲備才俊

年輕一輩入行者稀，故晶苑欲年輕化管理團隊，就要主動出擊，直接到大學舉辦校園招聘會，冀望能吸引具備潛質之應屆畢業生，應徵業務儲備生（Business Associate，BA）或生產儲備生（Production Associate，PA），接受為期二至三年在職培訓，以建構晶苑未來接班人梯隊。

BA及PA計劃於2012年推出，該計劃並非由集團總部或個別分公司管理高層負責，而是交由分公司業務銷售及生產部門主管負責。由他們親自挑選應徵者，並予以培訓及發展。

挑選準則首重語言表達能力、人際溝通能力、臨場反應、應變能力、領導才能等軟實力，並考慮其對製衣行業之熱誠。除中港兩地，我們更遠赴馬來西亞招聘熟悉兩文三語的大學生，加入儲備生計劃。

每位儲備生均會獲配一位經理擔任導師兼教練。他們彼此常有互動，冀望在導師的悉心指導下，儲備生能不斷進步，茁壯成才。

儲備生經入職培訓，對製衣業及晶苑工作流程有了基本認識後，再被安排加入業務銷售或生產隊伍，開始在職培訓，具體執行工作。

不少大型企業都有類似計劃，一般稱為見習行政人員（Management Trainee），見習期內將其分派至不同部門巡迴實習。因部門主管無從得知實習期後受訓學員能否派回該部門工作，故通常只授予基本知識，學員則走馬看花，往往亦難學到精髓。

晶苑則大相逕庭，儲備生一直留駐業務部或生產部工作，在完成培訓計劃後，將分擔管理職責，故主管須悉心栽培，為部門培育優秀的未來管理人才。

計劃得當，迅速晉升

設計儲備生計劃之初，我已考慮到人事變動難免。因為年輕人往往想多見世面，或夢想早日事業有成，故除薪金極具吸引力外，亦須借企業文化薰陶，配合明確的晉升途徑，冀望能留住人才。參照一般企業經驗，大學畢業之見習行政人員，完成培訓計劃後，能於公司留任五至10年者，通常僅兩成左右。

一般新入職之畢業生，需歷時五至八年，方有機會晉升至中層管理職位。而晶苑儲備生經二至三年的在職培訓後，合格

者可直接晉升為助理經理，日後再視其表現，逐漸提拔至高層管理崗位，故內部形容這項計劃為「高速公路」計劃。

然而，未必所有BA和PA均能順利直達終點，我們亦會事前向彼等明言，完成培訓後，還須接受嚴格評核，合格者方獲晉升，表現未達預期者將不獲續聘。

儲備生計劃，旨在培育未來管理接班梯隊，冀望能育成良將，日後擔任副總以上職位。成功晉升為助理經理者，僅為事業之起步，仍需終身學習，力爭上游。為此，公司更設追蹤培育計劃，冀望能進一步委以重任。如越南工廠亦有類似儲備生計劃，已有學員晉升為副總經理，前途無可限量。

儲備生計劃由2015年起擴展至技術（Technical Associate）及財務（Finance Associate）領域，以便為晶苑未來儲備更多不同領域的管理人才。

領袖發展培訓：栽培中高層接班人
挑選良將　悉心灌溉

> 晶苑如欲永續經營，須妥善傳承發展。下一代
> 接棒者，則傾向內部擢升，由兼具領導才能及
> 身懷晶苑文化基因者接任高層要職。

內部擢升，接棒領軍

　　根據晶苑發展藍圖，羅正亮預計未來10至15年，需進一步培養逾100位中、高層管理人員。這批梯隊在羅正亮這一代管理人陸續退休後，將接任總經理以至分公司總裁等要職，繼續領導企業向前。

　　晶苑如欲永續經營，須妥善傳承發展。下一代接棒者，包括總經理及總裁，均傾向內部擢升，由兼具領導才能及身懷晶苑文化基因者接任此等要職。

　　我們將退休年齡定為65歲，預期接任高層管理者皆能掌政15年以上，故近年以來，企業以系統化方式，在晶苑現有中層管理團隊中搜徵年輕才俊，不分國籍及工作崗位，挑選工作出色兼具領導潛質者，參與「下一代領袖發展」計劃（Next Generation Leader，NGL）。冀望他們能在企業悉心栽培後，於未來五至10年間，接任助理總經理或以上級別職務。參與NGL者，經初步測試後，將接受領袖發展培訓，為期三至五年。該項培育計劃，由外聘之專業顧問協助晶苑量身訂造，以配合企業文化與未來業務所需。

悉心栽培，增強實力

除NGL以外，對現職中高層管理人員，晶苑亦正加強培育專業領導力，使其能掌握現代領導技巧，適應付集團未來發展。

2012年左右，負責T裇業務的晶苑集團執行董事黃星華有感未來數載晶苑將急速發展，預計T裇業務同步起飛，現有管理團隊須整裝配合，全面提升領導才能，如此方能適應所需，遂聯合集團人力資源部與外聘人才發展顧問，共同設計「領導力發展計劃」（Leadership Development Program，LDP），選派骨幹管理人員參加培訓。

各參與者，均需接受個性測試（Personality Test），了解自我性格，並進行「領導力效能分析」（Leadership Effectiveness Analysis，LEA），了解各自之領導特質。

「領導力效能分析」，主要測試下述六大部分，包括：

1. 創造視野（Vision Creation）。
2. 發展下屬（Followers Development）。
3. 實踐視野（Vision Implementation）。
4. 全程跟進（Overall Process Follow-up）。
5. 達致成果（Results Achievement）。
6. 團隊合作（Team Playing）。

經測試後，企業即能了解各參與者之領袖特質，對有待改善之處對症下藥，借「領導才能工作坊」（Strategic Leadership Development Workshop）個別重點培訓。

工作坊共分三階段。學員被分成不同學習小組（Learning Group），每個小組研究不同的領導項目，定期製作簡報，彼此借互動交流學習，以提升領導能力。

持續改善，發展才能

各參與者完成培訓後，均須向黃星華提交個人才能發展計劃書（Individual Development Plan），對自己需改善之處作提升之規劃。黃星華兼任導師，就各人計劃提出意見，並安排合適項目助其提升。12個月後，參與者再作匯報，檢討進度。

T袖分公司管理團隊，經過兩年的LDP培訓，成效顯著，在管理及領導方面，建立了一套共通語言及知識（Common Knowledge），領導力更趨全面。

2014年，晶苑憑LDP榮獲香港管理專業協會頒發的「培訓及發展計劃獎」（Excellence for Training and Development Award）──「人才發展」項目金獎。首次參賽即能奪冠，打破該獎項紀錄。

T袖分公司推行LDP成績斐然，對提升業績及利潤大有助益。有見於此，羅正亮決定推而廣之，亦於其他分公司推行。至今，集團已有近100位管理人員參與該項計劃，對提升管理層領導力，適應企業未來發展所需，裨益不淺。

三項齊進，人才不斷

　　如上所述，LDP用於培訓現有中高層加強他們的領導力，NGL用於培育有能力晉升中高層的同事；儲備生計劃則向外招聘有潛質的大學生加入。以上三項齊進，可確保晶苑人才不斷。

「個人提升與職業發展計劃」：讓基層女工能力增值
提升自我　改變人生

> 課程導師，皆晶苑中山廠員工，以人力資源部人員為主，工餘投入大量時間。除授課外，導師還跟進學員生活。

開設課程，女工受惠

不少企業均備軟技巧培訓課程，如個人發展、人際溝通等，但對象常限於管理人員；前線員工通常只提供在職培訓，使之掌握生產技術。

製衣業前線車間，以聘用女性為主，所聘員工教育程度普遍較低，不少人遠涉異鄉工作，求以靈巧手藝賺取較高工錢，對個人能力增值與否，非首要考慮。

晶苑美國客戶GAP於2007年起，特為基層女工推出「個人提升與職業發展計劃」（Gap Inc's Personal Advancement & Career Enhancement，P.A.C.E. Program），旨在提升女工個人質素，培養職業發展能力，助其生活得更具尊嚴。

晶苑集團執行董事王志輝認為該計劃別具意義，遂接受GAP邀請，在2012年起於中山工廠試推行。

該計劃為期10個月，共80小時課程，分七大模塊，各具實用內容，包括溝通、解決問題及決策、法律、女性健康等。內容非

常豐富，女工反應亦極為理想。

王志輝聯同中山工廠人力資源部主管，在原有美式課程基礎上添加本地元素，效果斐然，先後兩屆，已有近500位女工結業。GAP總部負責人亦親訪中山，參加結業儀式，瞭解中山工廠成功推行之道。

見賢思齊，P.A.C.E.計劃亦將於其他分公司陸續推出，受惠者勢必更眾。

質素提升，力爭上游

P.A.C.E.雖由GAP發起，但其內容卻充分反映了「以人為本」之精神。課程導師，皆晶苑中山廠員工，以人力資源部人員為主，工餘投入大量時間。除授課外，導師還跟進學員生活。有時深夜時分學員來電，導師亦能欣然傾聽學員心聲，並予適當輔導，彼此親如家人，晶苑和諧大家庭氛圍更濃。

參與P.A.C.E.計劃者，不僅能增長知識，於家庭生活、人際交往及信心重塑等方面亦有進步，故該計劃能迅速建立口碑，員工踴躍報名，參與人數逐屆提升。

該計劃在提升女工質素之餘，更有助儲備基層管理人才。兩屆共30多位女工，在受訓後信心提升，決意力爭上游，報名參加了班組長升級培訓，完成課程且成績優異者，皆能晉升為班組長。

「個人提升與職業發展計劃」學員心聲

❤　我覺得P.A.C.E.計劃的好處，首先是提升我們的個人能力，增強我們的溝通技巧，從而增加職業發展機會；然後是教會我們怎樣解決問題、管理時間和面對壓力；最後是讓我們學到了許多女性健康、法律、執行力等方面的知識。對我最有用的，是關於處理家庭成員關係的技巧。夫妻、婆媳、孩子之間，因為缺乏溝通技巧，從前有很多問題不懂解決，上課後就明白很多。

❤　對我來說，最大的改變是在教育孩子方面。以前我的孩子簡直沒法管教。因為從小沒跟他住在一起，他從老家來我身邊時，已經12歲了，所以很叛逆、不聽話，我除了責打之外，就沒有其他方法管教。參加P.A.C.E.後，我回家後跟他分享，給他講道理，給他一些鼓勵。慢慢地，他好像改變了。我覺得這套方法，在家庭上挺有用的。這個計劃讓我和小孩子的關係改變了，因此我也可以安心地工作。

❤　我們中國人就是有一點兒含蓄。以前我對家人的愛，都不敢說出來。培訓老師教導我們，愛就要大膽地說出來。我對老公從來都沒有說過「我愛你」，後來有一次我竟然說了！說了以後，大家感情變得更加

好，他對我體貼多了，現在會煮宵夜，還燒好熱水，讓我下班後用來洗澡。

❤　P.A.C.E.對我們的工作和生活都有幫助。工作方面，以前老大要我們做甚麼，我們常常反駁，現在我們學會了彼此溝通和換位思考。

❤　我的改變也在家庭上。現在每天打電話，我都會跟老公和婆婆多說一些話。我老公過來探望我時，從前見面大家就吵，每次大鬧後我就躲起來哭。現在我會主動溝通，不會與他事事計較，他對我的關心也更多了。

辦公環境亦可為榮

羅正豪（Howard Lo, T裇及毛衫部高級副總裁）
談統籌大樓規劃之理念

位於廣東東莞常平的晶苑廠房，為T裇及毛衫分公司的生產基地，其行政大樓於2012年重建。新建築物洋溢現代氣息，內含多種環保設計，寬敞舒適，設備先進。廠房如此時尚，在華南罕見。

在設計這座綜合性建築物時，我們希望引入現代化概念，一方面希望提升企業自身形象，另一方面亦希望能為同事提供一個更舒適的工作環境，以保持大家的向心力和團隊精神。

我在國外讀書和長大，又在外資銀行工作過好幾年。設計此大樓時，我閱讀了不少室內設計方面的書籍，在引進西方的辦公室設計概念時，就發覺當中也有不少「以人為本」的理念。

我們的辦公室採用開放式設計，儘量減少房間數目，令中層管理人員與前線同事毗鄰而坐；房間以落地玻璃間隔，製造高透明度感覺，用意為加強上司和下屬間的彼此溝通；同事的座位位置、間格高度，也以視線可望見對方為原則，方便彼此互動及溝通。

由於同事每日都須在此長時間工作，我希望景觀開揚，有更多同事能享受到溫暖陽光的照射，所以靠窗位置儘量不全被房間阻擋，中庭則是開放式設計，大家都可望見窗戶。

中央部分以樓梯接通上下，牆壁種滿綠化植物，配合天然採光；玻璃大中庭抬頭能見天日，從而營造出一個心曠神怡的工作環境。雖然中央樓梯耗用不少空間，但卻拉近了不同樓層同事間的距離。大家在格調時尚的工作環境中感覺十分舒適，自然有助於提升生產力。

因為辦公室洋溢現代化氣息，同事都不自覺地注意起衣著品味來，連帶著提升了自我形象。更有不少同事在辦公室內自拍留影，可見他們喜愛此新設計，歸屬感和向心力也因此提升。

第五章：核心經營之道

營運篇

以終為始　現代化管理

第五章 核心經營之道～營運篇

以 終 為 始 　 現 代 化 管 理
一、總部放權，鼓勵自主

小中央，大放權
集團支援　自主發揮

> 「小中央，大放權」，指集團總部不會對各分公司事事監管，而是只定所期目標，任其自主發揮。集團總部架構精簡，僅作最高領袖，專注宏觀事務，制定發展大方向，經各方認同後，授權分公司及其下屬部門執行。

初試放權，差強人意

晶苑成立之初，奉行「中央集權」，行政、人事及財務，均由總部掌控。結果效果不彰，反而影響各分公司營運效率。

從上個世紀90年代起，集團改變策略，放棄微觀管理（Micro-Management），改以「小中央，大放權」的方式管理。

「小中央，大放權」，指集團總部不會對各分公司事事監管，而是只定所期目標，任其自主發揮。集團總部架構精簡，僅作最高領袖，專注宏觀事務，制定發展大方向，經各方認同後，授權分公司及其下部門執行。

　　起初高層管理者，均未習慣於放權，更怕局面失控，加上面子攸關，往往陽奉陰違。各分公司則未養成自覺習慣，承擔意識暫欠，心理質素、執行能力俱差強人意，歷時十多載，運作才漸見暢順。

深有體會，鼓勵放權

　　在擔任集團行政總裁前，羅正亮曾任分公司總裁，故明「將在外」之難，曾身受「高高在上的官僚總部」之苦。事非經過，不知其難。老闆及總部同事隔岸觀火，指點批評，輕而易舉，卻因未知底蘊，易致無的放矢，鮮有建設性意見，徒令前線添煩增壓。

　　己所不欲，勿施於人。羅正亮明其狀況，不忍各分公司平添壓力，亦不欲下屬事事請裁，使之涉足分公司日常營運細節，故接任集團行政總裁後，集團續以「小中央」角色運作，放權各分公司自主運作，僅專注宏觀問題，如每年績效表現、大環境變化、未來發展戰略、精益求精及可持續發展之道等。

　　總部除處理宏觀問題，尚須向各分公司提供市場信息、制定發展方向、推動最佳典範、籌劃風險管理、規劃人力資源、促進部門溝通、安排適當培訓等，對分公司之營運管理，多作協助，而非凌駕。

　　香港集團總部規模精簡，所聘員工為數不多，以專業部門為主，卻能聯繫全球，包括各分公司及20多家全球廠房，彼此通力合作，運作暢順，大部分生產基地效能均逐年上升，可見「小中央，大放權」行之有效。

數據化管理，透明指數高
運籌帷幄　賞罰分明

> 內聯網上，財務及生產資料一目了然，中高層管
> 理人員，獲授權者皆可瀏覽，大如公司財務狀
> 況，小至個別訂單之盈虧，均能得知；盈利多
> 少、何處賺來、如何賺取等，均備實時之明細。

數據透明，好處多多

　　小本經營的公司，盈餘虧損尚可心中有數；企業規模漸
長，業務繁多，如果數據不全，績效難量，決策無依，業務管
理頓成盲人摸象，難獲成效。

　　華資企業多採用家族式經營，現代管理元素間或摻入，但
始終老闆為上，唯其馬首是瞻，委予家屬親信重任，財務管理
絕不信賴外人。除上市公司外，一般企業之經營數據，如銷售
盈虧、邊際利潤、採購成本等，均被視為高度機密，知曉者僅
少數高層，致使企業發展受限、難以擴張。

　　晶苑明其弊端，早就效法現代企業，日常運作全部採用數
據化管理。內聯網上，財務及生產資料一目了然，中高層管理
人員，獲授權者皆可瀏覽，大如公司財務狀況，小至個別訂單
之盈虧，均能得知；盈利多少，何處賺來，如何賺取等，均備
實時之明細。

　　數據化管理下，公司透明度高，團隊可享三大好處：

1. 明白公司真正對己信任，充分授權。
2. **擁有足夠數據**，用以分析市場，從而精確制定預算，有助制訂務實目標。
3. 能清楚自己表現是否達標，及進度如何。

善用電腦系統建立數據化管理，監控進度更客觀；科學化管理營運，系統完備，有助於掌控全域；如遇市況驟變，亦易於運籌帷幄，修正策略，調整執行。

陟罰臧否，公道為先

晶苑文化，目標為本，重視成果，故無論賞罰升遷，均有所據，公平公正。其所依靠者，實為高度透明之數據化管理。

生產細節、工作績效，均以數據量化，管理團隊均能隨時瀏覽。彼此績效，一經比較，優劣立辨；信賞必罰，公平與否，心中有數。故怨懟不生，同事間自能減少猜忌；各自力爭上游，良性競爭下，公司自能獲益。

時有旁人詢問：「數據如此開放，如何防範競爭對手有意套取？」我常回應：「晶苑團隊向心力強，注重誠信，偷竊機密，自信同事不為。」

即使競爭對手得悉部分數據，若其企業缺乏相應文化，數據欠透明，管理不科學，未能「大我為先、以人為本」，難享可持續發展優勢，最終恐亦得之無用。

以 終 為 始　現 代 化 管 理
二、科技增值，宜簡宜捷

運用科技：三大核心價值
克難求進　既捷且簡

> 集團總部資訊服務部架構簡單，雖僅30餘人，但卻效率驚人，能服務集團逾六萬員工。究其原因，除團隊勤奮外，亦歸功於該部門三大核心價值：挑戰現狀、伙伴助力和要求至簡。

挑戰現狀，不斷進步

我們務求資訊科技為企業所用，而非企業受役於電腦系統。應用電腦系統，首要助企業提升效率，獲知更多數據，冀望能領先競爭對手，最終成為行業領導者。

在資訊科技應用上，務須與時俱進，不能安於現狀。故此晶苑持續引進最新版軟件，力求精益求精，改善現有營運狀況，時刻保持增值，維持生產力及效率之行業領先地位。

集團總部資訊服務部架構簡單，雖僅30餘人，但卻效率驚人，能服務集團逾六萬員工。究其原因，除團隊勤奮外，亦歸功於該部門三大核心價值：挑戰現狀、伙伴助力和要求至簡。

伙伴助力，取得先機

科技一日千里，為求時刻進步，晶苑長期與SAP及微軟等

信息科技策略伙伴保持優良合作關係。因此，晶苑常能於新軟件發布前獲優先使用權。

對供應商而言，晶苑購買軟件不僅有助提升其營業額，亦因晶苑講誠信、重商譽、具規模，我們採納之軟件，可信度將大幅提升。

對晶苑而言，購置軟件成本得以降低，優質軟件亦有助於企業進一步提升工作效率，並能早於其他同業體驗新科技之益處，競爭優勢會更加鞏固。

要求至簡，追求卓越

晶苑之企業文化追求簡潔，務求以最簡化程序完成工作，因此我經常反思，有何新方法或工作模式有助改善效率，拓寬思維，彰顯晶苑「以簡制繁」之經營理念。其要點有三：

1. 能否不依從現有規則達到同樣目的？
2. 實戰工作所使用時間及成本是否合理？
3. 工作流程能否進一步簡化？

只要能將工作流程簡化，即可縮減時間成本，亦能減輕團隊不必要之工作壓力，提升效率及透明度，因此「以簡制繁」理念，獲公司上下支持，亦為晶苑賴以成功的企業現代化管理基礎。

以上三個核心理念，加上執行時的「四大心法」——黃金守則、以簡制繁、以快取勝、共享雙贏，遂成資訊服務部的成功之道。

資訊科技，系統先行

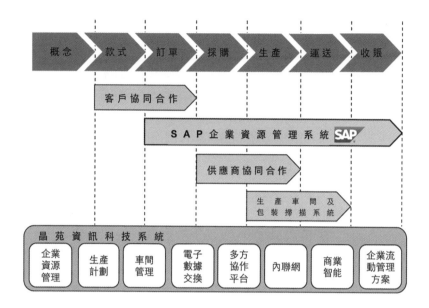

　　整套資訊科技系統與生產系統全面結合，適合集團內各分公司應用。考其優點，能實時顯示數據，運作全盤透明，管理層、獲授權者，皆可隨時瀏覽所需信息，使得工作得心應手！

科技無處不在
提升效益　減省成本

> 由RFID所得數據，從每位車工至各生產線，產
> 能效率，一目了然。實時大數據，如整套生產系
> 統運作是否正常、車工表現是否優秀、訂單完成
> 進度是否理想等，管理層均能盡握。

資訊科技，無處不在

考察晶苑之生產與運作，資訊科技，無處不在。

以工廠為例，每一車間、每位車工，均配備射頻識別技
術（Radio-frequency Identification，RFID）標籤（RFID
Tag），將其所完成工作數量、所需時間，實時紀錄。

由RFID所得數據，從每位車工至各生產線，產能效率
一目了然。實時大數據，如整套生產系統運作是否正常、
車工表現是否優秀、訂單完成進度是否理想等，管理層均能
盡握。

如某一環節出現問題，數據可即時反映，管理人員便能
及時採取行動作補救。各生產綫前均設有屏幕，產能數據實
時公布，不斷更新，廠內車工即能彼此較量，良性競爭。

電子處理，無紙運作

晶苑整體運作，由SAP數據化管理系統支持，故能處理年
逾百億港元之生產訂單。

　　電腦化下，不少工作環節，皆能無紙運作，由報價、接單、預訂原料、廠房生產、處理進出口船務文件、倉儲、處理銀行往來文件、出單、送貨等，均能經電腦系統一力完成。

　　集團引進SAP電子收貨對賬系統（Evaluated Receipt Settlement，ERS）後，凡貨物賬單，概由電腦與供應商自動核對，充分體現善用科技之優勢，既省時省事，亦更為準確。

　　ERS系統，既行之有效，遂又引進電子銀行系統。現時收付款項程序毋須人手處理，將原本工作流程由需時逾10天，縮短至一天內完成，人力及時間成本均大幅降低，並能迎合無紙運作之大趨勢。

藉科技走向未來

丁自良談晶苑之科技應用

秉承挑戰現狀精神，晶苑緊貼科技潮流及趨勢，引入世界頂級科技，以維持在行業中的優勢我們同時須著眼長遠，為將來作好準備。

集團信息服務部現正進行數個概念性計劃，包括：「晶移通」方案，系統應用流動化，物聯網與雲端服務。

世界各地，無限溝通

無論是對外還是對內，晶苑集團都非常重視溝通，尤其是我們的工廠多建於發展中國家，來往耗時及花費較多。以往管理層一年只會到訪外地工廠數次，就算有傳真和長途電話，也只能多談多說，而非數據在手，所以管理相對困難。

利用嶄新的資訊及通訊技術（Information Communications Technology，ICT），即可達至低成本快速聯繫。現在只要接上內聯網，加上電郵、視像會議和即時通訊等工具，管理層就能一面瀏覽實時數據，一面與全球各廠房商討實務，有效提升管理能力。

目前晶苑使用的通訊網絡系統，與公司的電話

系統連接，同事們身處世界任何角落，通過電腦、電話、平板電腦、手機接駁互聯網，或3G、4G網絡，都可即時通訊或召開視像會議，並於穩定安全的環境下傳輸數據，維持辦公效率，達到「三無限溝通」，即無疆界、無地域和無時限溝通。

身為業內使用資訊科技的領導者，我們期待不久的將來升級應用最新的微軟Skype商務版本及個人用戶版本，並將二者融合，為「三無限通訊」提供最貼心、最快捷和最極致的服務。

手機軟件，善用雲端

晶苑自行研發的「晶移通」App，讓晶苑各同事不再受作業平台所限，無論桌面電腦、平板電腦，還是手提電話，皆能應用「晶移通」。通過雲端接駁到晶苑的內聯網系統，自動與公司同步，顯示新聞、業務、人力資源及供應鏈數據，亦可以將這些數據轉化為圖表、影像、文字等格式，方便用戶作日常操作及分析之用，並能交互傳遞資料，實現「三無限溝通」。

這個軟件大幅降低了晶苑同事們的通訊成本，同時滿足了我們日益增長的資訊需求。當然「晶移通」的潛能不止於此，我們繼續以「晶移通」作為藍圖，研究更多可行的技術路線，務求為晶苑成員提供更多科技上的便利。

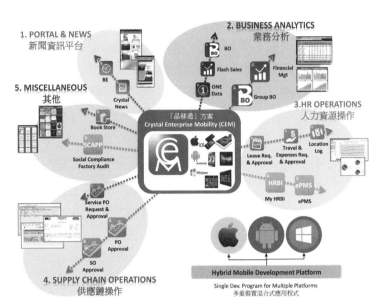

「晶移通」方案圖解

開發系統，方便易用

近年來智能手機大熱，App日趨普及，好處是容易使用，一按就可即時取得所需資料，毋須登入後再從系統搜尋及選取。之前晶苑與外聘公司合作編寫App，目前則由公司內部自行開發。

因應不同工種需要，為App製作了個人化的用戶介面，方便易用。例如，其中一個App，專供銷售經理應用，內容包羅工作所需的一切信息，如營業額、物料數據等。此外，亦有能應付日常工作所需，如請

假表格、償付同事墊支費用的應用程式，都能通過手機來操作。

科技演變，迎新時代

互聯網為工業帶來革命性發展，晶苑也在日常運作中引進了不少由網絡推動的工具。

對於營運而言，掌握實時而準確的數據，並能分析當中趨勢，非常重要。近年時興的大數據，主要是行為分析，可以是消費者，可以是生產線，也可以是每位員工或某位客戶；大數據不只談數量，也談品質。當足夠多的數據集中到一起時，這些數據的交叉分析，就演化為統計圖表，可以推斷出不同的趨勢，也就是由量變到質變。晶苑實行數據化管理，大數據正陸續用於不同營運環節，用於業務分析及決策之基礎。

繼大數據、雲端存取後，「物聯網」（Internet of Things，IoT）是下一階段的發展方向。物聯網指人類通過流動數據及互聯網，接駁到雲端平台，從而控制現實生活中的電子產品。

就工業而言，物聯網可即時同步多項數據，大大增加資訊透明度。進入「工業4.0」時代，工廠設備會自動將生產資料上傳至雲端，我們可詳細獲取產

品在不同工廠的生產狀況、產品數量、物流運輸等情況。查閱數據便捷程度前所未有，管理層及客戶均能實時掌握一切生產及物流情況。

物聯網世界的理念，是以聯繫最多的物件，達成最大的協同效應。而根據SAP公司的預測，未來的科技世界，將對工業產生以下影響：

1. 改變商業模式。
2. 由始至終數碼化。
3. 廠銷整合生產。
4. 實時增值網絡。
5. 完善工作環境。

我們正根據上述路線，順應科技發展，為物聯網、大數據應用做好準備，建設「工業4.0」時代的先進廠房，加快邁向「智能工廠」之路。

以 終 為 始　現 代 化 管 理
三、產銷理念，精益求精

生產文化：精益生產結合六常法
及時生產　六常作業

> 對生產管理而言，晶苑以精益生產為原則，於流程設計上，則通過工業工程與品質管理，減少浪費，並善用數據化管理，查找問題環節，及早糾正。

精益生產　優化流程

晶苑之生產管理，以豐田汽車公司的精益生產（Lean Manufacturing）理念為基礎，注重供應鏈管理，講究原料與工序的及時緊密銜接，以生產中保持物流及訊息流同步（Just-In-Time，JIT）為理想，並通過優化生產流程，減少生產過程中的「無益浪費」，為生產商、客戶和消費者創造經濟價值。

然而，因為彼此業務性質不同，晶苑並未完全複製豐田模式。豐田為汽車製造，屬存貨生產（Build to Stock），流程模式為單件流（One Piece Flow）；車廠自行設計汽車規格，同一批訂單每輛汽車規格一樣。而製衣流程則大相逕庭，屬按單生產（Build to Order），每張訂單規格均有不同，數量及款式俱由客戶決定，經常改變，生產模式較多元化，而且製衣生產

時間遠比汽車生產為短，因此對時間的要求更為緊迫。

話雖如此，精益生產這種管理方式，亦令晶苑獲益匪淺，例如其中的目視管理。日本人擅於利用圖像，會在工具箱內繪上工具形狀，當發現工具箱內有空位時，就可按圖索驥，知道哪種工具未放原位，從而加快工作效率。

無益浪費，設法減免

對生產管理而言，晶苑以精益生產為原則；於流程設計上，則通過工業工程與品質管理減少浪費，並善用數據化管理，查找問題環節，及早糾正。

「無益浪費」指一切無益於生產之工序或動作，均需設法消除或減免，具體包括以下幾點：

1. 耗時運輸未有需要之原料。
2. 工人在生產過程中作出過多不需要的動作。
3. 等待進行下一項工作的空轉時間。
4. 生產過剩。
5. 首次製作出錯需要重做的翻工（Re-work）。
6. 產品存在瑕疵。
7. 檢查次數過多。
8. 修復造成浪費。

工廠整潔，降低成本

由於晶苑銳意發展日本市場，冀能與客戶於生產上有共同語言，故除精益生產外，晶苑於2000年特聘日本培訓專家，

引進日本公司普遍採用，簡稱5S的「五常法」，並在此基礎上加入「常安全」（Safety）而成為晶苑版「六常法」，並在所有工場廠中廣泛應用。

推出六常法後，效益顯而易見，例如工廠較傳統者更整潔。工廠整潔，即能節省成本。例如，有一家外包商工廠，因為不注重清潔，每年用於購買為成衣除污的清潔劑，開支已逾數萬元。及後該工廠實行六常法，注重廠房與工位的清潔，清潔劑成本節省95%。

實行六常法後，廠房變得更整潔，有助效率提升，減少浪費及翻工，也符合我們「第一次即辦妥」的原則，能降低成本開支，提升邊際利潤。

工業工程：構建產能標準
優化工序　量化產能

> 除能設計工序，使其達到最佳效益外，工業工程的另一主要功能，在於為業界制定共通標準，以量度生產力，方便溝通，並為數據化管理，提供量化產能基礎。

生產管理，升級轉型

晶苑於上個世紀80年代中期，率先于毛里裘斯工廠引進工業工程（Industrial Engineering，IE）。其時，歐美同業已廣泛應用IE。當時的香港理工學院（現時香港理工大學），亦推出相關專業課程。香港業界管理層雖具多年經驗，但因未曾涉獵該科，缺乏理論基礎，只視之為新興潮流，在本地並不普及。

晶苑引進工業工程後，製衣工序由原本家庭手工製作轉為現代化、科學化及數據化模式生產，對公司升級轉型，邁向現代化管理，功不可沒。

規劃工序，優化產能

晶苑以製造為業，盈利能力取決於生產力高低，盈利之道，在於以最少資源投入，獲取最大產能，並儘量減少錯漏，故生產管理，以至營運目標，其重點是提升生產力。

採用工業工程，配以精益生產及六常法，可將生產周期（Production Cycle）有效縮短。現在每年晶苑都會針對節省時間訂立目標，冀望能逐年進步，以增產能、省成本。

制定標準，量化產能

除能設計工序，使其達至最佳效益外，工業工程的另一主要功能，在於為業界制定共通標準，以量度生產力、方便溝通，並為數據化管理，提供量化產能基礎。

工業工程採用標準分鐘（Standard Allowed Minute，SAM）或標準小時（Standard Allowed Hour，SAH）量化產能，適用於任何產品。產能由以往件工計算，轉以生產所需時間計算。例如，生產一條牛仔褲，平均需時20分鐘，另一款式T裇需時10分鐘，量度能以SAM或SAH換算，即可統一標準。

數據規劃，設計增值

接單後，工業工程部門專職同事，即思考規劃，計算生產流程，所需最低工時。規劃生產計劃時，除考慮每單特色，更要由全盤生意角度出發考慮。例如，新接一個訂單，須生產500萬件成衣，內含1000種不同款式。換言之，每款平均只有5000件。此時必先決定於哪一間廠、哪幾條生產線生產，方最具效率。

如工廠欲引進自動化生產，亦可根據標準時間，計算所省產能，比對成本後再作決定。

創新產品設計，則為晶苑另一增值服務。

晶苑專業負責服裝生產，服裝設計皆由客戶提供。在接單時，設計早有定案，本不容置疑，但晶苑仍會盡展襄助者作用，除實踐客戶構思及概念外，會另借駐廠設計師之市場觸覺及創意，為客戶產品注入靈感，並於工藝上提供支持。

數據分析，易達共識

晶苑不斷優化工業工程，於生產管理中暢順應用。因具科學化數據，故能輔助分析、有助決策、易達共識。

如在1988年，考慮以電子工票取代傳統寫紙形式，但該系統投資龐大，未必物有所值。取捨之間，幸賴工業工程能把產能量化。其時計算如轉用電子工票，能節省多少人工登記時間，所得結果為每位工人每日可省30分鐘。將此30分鐘換算為機會成本，以全廠工人計算，即可得知每日可增添數千額外工時。所提產能，與投資額對比，投資回報一目了然。分析所得，回本有期，決策遂有根有據，輕而易舉。

工業工程用於晶苑，所達成果，包括：

1. 有助減少因主觀原因導致的矛盾，團隊易達共識，提升決策及執行效率。
2. 生產力可持續提升，品質水平亦能一直維持；所得數據，更可助企業持續提升競爭力。
3. 成本下降，浪費消除。
4. 設備及廠房使用率均可有效提升。
5. 生產速度加快，生產過程靈活、有彈性，同步水平加強，投資成本遂得以降低。
6. 數據完備，方便財務分析，有助制定策略。

優勢分工：環球廠房之生產策略
因地制宜　增競爭力

> 晶苑決定集中資源，近年設廠均鄰近香港，航程範圍在五六個小時內，成本較低地區，無論營運管理、補給運輸，還是文化和社會狀況，均較易掌握。

時移勢易，成本掛帥

製衣業一向如同游牧民族逐配額而設廠，並考慮成本及勞動力供應。晶苑設廠足跡曾遍及世界，除中國內地及澳門地區，還有馬來西亞、斯里蘭卡、牙買加、杜拜、蒙古、摩洛哥、越南、孟加拉、柬埔寨，甚至一度遠赴非洲，於毛里裘斯、馬達加斯加投資，最高紀錄為同一期間於11個國家設廠。

及後配額制度取消，時移勢易，無憂配額，卻須面對全球性競爭。馬達加斯加一役損失慘重，雖說敗於忽視政治風險，但我明白，投資戰綫過長、補給受限，則成本必高，加上文化和社會狀況迥異，難於管理，營運事倍功半，削弱競爭優勢。

總結經驗，晶苑決定集中資源，近年設廠均鄰近香港，航程範圍在五、六個小時內，成本較低地區，無論營運管理、補給運輸，還是文化和社會狀況，均較易掌握。

據「國際產品生命周期」International Product Life Cycle）理論分析，生產往成本更低地區轉移，設廠選址亦由以配額為重，轉為成本掛帥。

國內改革開放，出口優惠、成本低廉，優勢所在，曾吸引不少港商投資，晶苑亦於國內設廠。近年國內生產成本大幅提升，廣東工人難求，不少港商遂轉移部分工序至東南亞地區以維持競爭力。晶苑亦跟隨形勢，漸次在越南、孟加拉和柬埔寨等地建立生產基地。

判斷優勢，分工合作

中國內地仍享獨特優勢，如供應鏈及配套設備均屬世界級，工人技術水平成熟，生產效率亦屬頂級，同時文化背景相近，溝通方便。故雖成本日高，晶苑仍保留內地工廠，用於生產高附加值、需快速回應市場、要求精巧而產量略低之產品。

現時，客戶訂單類別主要有二：如屬生產工序簡單、數量龐大者，將交由東南亞工廠生產，以享較低成本優勢；如屬須迅速回應市場、技術要求較繁複者，則由中國內地廠房製造。如此因地制宜，分工合作，提高了市場競爭力。

除成本外，客戶全球策略、進出口關稅、產能空置率、生產成本，以至政府優惠政策等，亦須考慮。

通過工業工程策劃，可優化流程工序。每張訂單，先分析難度所在，再設計最佳生產流程，細分步驟，配合成熟分工，故均能流暢處理，並能迅速回應市場需要。

晶苑得工業工程輔助，可謂如虎添翼，更顯競爭優勢。

超級工廠：未來發展之所在
總結經驗　建立規模

> 零售品牌趨全球化，近年來流行便服，單一訂單
> 價值及數量俱可達數十倍甚至百倍於從前，故生
> 產商亦須升級轉型，邁向大規模生產，力求規模
> 經濟效益。

超級工廠，未來所望

　　世界貿易已變開放，毋須再追逐配額，設廠地點首先要考
慮生產成本、勞動力狀況、稅務及設廠優惠、政治穩定性、文
化民情等，競爭則較之前激烈。

　　零售品牌趨全球化，近年來流行便服，單一訂單價值及數
量俱可達之前的數十倍甚至百倍，故生產商亦須升級轉型，邁
向大規模生產，力求規模經濟效益（Economy of Scale）。

　　春江水暖，身處其間，市場變化自能察覺，故數年前，晶
苑制定長遠發展策略時，已計劃建立「超級工廠」。

　　一家工廠聘用一兩千工人，以往而言，算初具規模；現時
聘用逾萬人者日趨普遍，晶苑旗下亦有工廠聘用逾萬員工。展
望將來之規模，晶苑已計劃發展至兩、三萬工人共處一廠，並
將 致力開發智能生產。

　　超級工廠聘用數萬工人，要建齊心團隊，共提產能，殊非
易事，故管理模式已不宜蕭規曹隨，務須與時俱進。

產銷合一：視公司生意為己業
銷售生產　融和待客

> 業務人員能享充分自主，但個人須負盈虧責任。
> 他們須視公司生意如己業，全力以赴，充分了解
> 客戶需求，平衡生產能力，在品質不損、準時交
> 貨原則下，訂出具有合理利潤之報價。

產銷合一，唇齒相依

　　晶苑奉行「產銷合一」，乃業務營運特色。業務人員須
承擔個人責任，由接單起即與生產部門緊密協作，直至訂單完
成；送貨收款，均須全程跟進。業務與生產既分工合作，又唇
齒相依。此舉鼓勵公司員工視公司業務如一己生意，以企業家
精神待客，既令客戶滿意，亦助公司賺取合理利潤。

　　香港上個世紀六、七十年代，香港製衣廠常由老闆四處張
羅生意。接得訂單後，老闆自行跟進生產，無論計算成本、策
劃工序、監控品質、付貨物流、收取貨款等，均親力親為，本
則上也是「產銷合一」，因是自家生意，老闆自會全力以赴。

產銷分流，矛盾頓生

　　及後，製衣業蓬勃發展，工廠規模漸大，老闆雖仍全盤掌
轄，卻常另聘專人分擔營業工作。取得生意後，訂單交生產部
門接手，營業人員任務即告完成，毋須跟進生產流程。由於營
業部門與生產部門各具職能，互不從屬，易成山頭主義，矛盾
頓生。如銷售人員只顧接單，不顧工廠產能能否應付，成本及
盈虧情況如何。如未能及時完工，或質量出現問題，致虧損連

連，營業和生產部門通常只會推諉責任。如此一來，外招客戶不滿，內致矛盾叢生，公司則成最大輸家。

數據支持，彼此融和

晶苑「產銷合一」，經構思多年方決定推行。營業人員能享充分自主，但個人須負盈虧責任。他們須視公司生意如己業，全力以赴，充分了解客戶需求，平衡生產能力，在品質不損、準時交貨原則下，訂出具有合理利潤之報價。

在數據化管理支持下，所有訂單均以電子系統記錄處理。營業人員可根據客戶類型，在「中央生產計劃與控制」（Central Production Planning and Control，CPPC）系統輸入資料，電腦即能根據各廠房產能、空置率、生產中產品等資料，按訂單類型、貨量多少、客戶要求等規劃合適廠房，並模擬生產情況，審視廠方於指定時間內，產能是否可達客戶要求，工序安排是否暢順，並據「作業成本分析」（Activity-based Costing，ABC）系統，分析成本，計算報價。

根據成本會計系統，各部門均須自負盈虧。數據透明化下，成本所需，均能全盤掌握在計算報價時，營業部門有責任確保沒有任何部門虧損。如有特別原因須靈活處理，必先向上級請示。

於生產過程中，營業人員無論身處何方，均可通過電腦及網絡系統實時掌握訂單進度，一旦發現問題，可即時與生產部門溝通協調，從速解決。營業部門與生產部門，遂能彼此融和，合作無間，秉持「大我為先」思維，摒棄部門疆界，以達到客戶要求為最優先考慮；以終為始，對生產方式及廠房安

排，協商溝通。如遇問題，則兩部門合力解決，遂開創客戶、公司、業務人員、生產人員各方共贏之局面。

服務內容，多方共贏

「產銷合一」，能鼓勵員工擁有企業家精神，亦能凝聚團隊合作、化解矛盾，從而締造多方共贏局面，而非各自為政，只謀各自利益。

多方共贏，建立於「雙向內部客戶關係」概念。

營業部接單後，先交工業工程部作流程規劃，再由生產廠房執行製衣工序，故工業工程及生產廠房，均視營業部門為其內部客戶，須盡心盡力服務。同樣，營業部門亦須視工業工程及生產廠房為其內部客戶，將客戶要求向他們闡釋清楚。

三部門互不隸屬，卻又平等互惠，各憑專長互相合作，互視對方為內部客戶，團隊因此更加團結。

訂單有異，迅速應變

業務規劃通常提前六個月制定，故每年年中，即需計劃明年的生產預算。

合作多年，營業部已掌握各廠產能，在尋找來年訂單時，務求滿足工廠的需要，避免訂單不足。如遇產能空置，則需向其他友好工廠尋求訂單外發，幸而此種情況很少在晶苑發生。

生產雖備良好計劃，但有時亦會驟然生變。若某客戶因銷售情況轉差而更改訂單數量，生產遂生空檔，營業部須即速

尋找新單以作填補，或將其他客戶訂單轉來處理。急接新單，利潤難料，或會導致賬面虧損，卻可避免工廠停工。全盤考慮下，最終或仍有利可圖。此時，只需通過電子系統計算，盈虧一目了然，自可有助決策。

　　訂單變動時有發生，故分公司定期舉行戰略性調動會議，由總裁親自主持，屬下各單位負責人均須出席。會上檢討訂單情況，如遇緊急訂單需靈活處理，或作出戰略部署，調整生產計劃，務求各廠產能均能充分發揮。

以 終 為 始　現 代 化 管 理

四、穩健理財，預警危機

理財哲學：以穩健為原則
對沖風險　審慎借貸

> 適度借貸有助公司穩定財務基礎。晶苑向來受銀行信賴，所享條件亦相當優惠，然從不願過多借貸。對於借貸比例，企業更設內部標準。

理財審慎，一脈相承

　　晶苑的財務管理，最初由羅太太負責，及後由羅正亮接手，現時則由專業首席財務總監負責。

　　晶苑自創立以來，財務管理哲學均以穩健為原則。

　　羅正亮之理財原則，一脈相承，穩健為先，不作過度借貸，認為公司盈利之方程式，乃收入減去支出，故只要能控制開支，即能增加利潤。

　　公司收入變數繁多，非人力所能掌握，更難完全控制；開支則可嚴格監控，減除不必要浪費，加上健康的現金流企業即可達致財務穩健。

　　每一財政年度，晶苑均會訂定開支預算，正常營運費用

不難估算。幸近年來每年均有錄得餘額。除嚴控開支外，晶苑還會定期與同業比較，以得較客觀數據，審視財務開支上能否享有競爭優勢。

控制開支能力，不同部門各有差異，就算為同一客戶服務，亦互有長短，故常作適當調配，務求營運能更具成本效益。

適度借貸，銀行信賴

當經濟狀況理想、借貸利息較低時，易以財生財。銀行甚至鼓勵借貸，如增大企業透支額度或備用信用額等。不少企業，為了急速擴張，向銀行過度借貸。倘若環境逆轉，銀行收緊信貸，企業須面對還款壓力，一旦現金流不足，便會以失敗告終。

晶苑的融資策略是要令銀行放心。雖然往來銀行為數不多，但均視銀行為合作伙伴，憑誠信作風與其建立長遠合作關係。

適度借貸有助公司穩定財務基礎。晶苑向來受銀行信賴，所享條件亦相當優惠，然從不願過多借貸。對於借貸比例，企業更設內部標準。

雖說市況驟變，非人力能控，轉盈為虧亦有可能，但與銀行多年往來互信早立，銀行明白晶苑向來重誠信，理財穩健，信貸比例健康，倘逢逆市，出事風險較低，故反而更加支持。

危機意識：居安思危，防患於未然
管理風險　預防危機

預防勝於治療，居安必應思危

留意報導，居安思危

任何企業，均有可能面對危機。樹大招風，企業規模愈大，壓力愈多。

預防勝於治療，居安必應思危。因此，我常留意各地新聞報導，如見事故發生，往往深思考慮，如果覺得晶苑或會面對相類危機，即提醒同事加倍留神。

例如，某國製衣廠發生火警，工人因逃生出口不足導致傷亡眾多，我即提醒晶苑管理人員全面檢查各廠消防設備是否足夠、防火通道是否通暢。又如有其他公司廠房結構遭改動，僭建物倒塌壓死工人，我遂聘請結構工程師赴各地分公司，全面審視屬下所有廠房物業，確保結構安全，防範於未然。

晶苑正計劃興建超級工廠，屆時將有數萬工人作息工作，均處同一屋簷，危險程度猶如定時炸彈，故對員工日常工作及生活安全，更須審慎規劃、認真處理。

共謀對策，化解危機

晶苑每年均舉行年度策略會議，會上討論行業、營商環境，以至公司之潛在危機及風險，並集思廣益，共謀對策。

目前，晶苑所應對危機，主要分七類：

1. 當前全球形勢及環境風險。
2. 日常營運營風險。
3. 突發性風險。
4. 經營風險。
5. 勞資關係風險。
6. 政治風險。
7. 貿易壁壘風險。

　　為防危機發生，晶苑每張訂單均會預留部分收入撥作備用基金，如購買保險等。萬一有客戶因各種原因不能償清貨款，即可取用以彌補損失。此基金公司不能輕用，更不願動用。

風險利潤，設法平衡

　　風險必定存在，但絕不能因噎廢食、矯枉過正。比如有航空公司連生意外，難道我們要全面避航？

　　羅正亮認為，晶苑之最大危機乃失去盈利能力。若能全避風險，卻利潤全無，甚或虧損，只會陷公司於更大危機；故風險與利潤間，務必設法平衡。晶苑只需在某種程度上控制風險，織成保護網，防範危機產生，已然足夠。

以 終 為 始　現 代 化 管 理

五、品質文化，以客為尊

品質為本：一次準確做到
全面品管　確立指標

> 在推行品質管理的過程中，晶苑確立了品質
> 標準——「第一次做對，每一次做對（Right
> First Time, Everytime）」，於香港製衣界而
> 言，可算「品質革命」之先驅。

品質保證，一次做對

　　從前年代，製衣業向來無品質管理（Quality Management，
QM）或品質保證（Quality Assurance，QA）概念，所具者僅
品質檢查（Quality Checking，QC）。

　　創業初期，晶苑曾一度受品質問題困擾，客戶不滿，利潤
遭侵蝕，影響商譽，所幸最終激發圖強之心，設法提升品質。

　　上個世紀90年代初，源於西方之「全面品質管理」（Total
Quality Management，TQM）概念，開始於製造業流行。晶苑
亦於1992年左右，成立「集團品質保證部」，聘請英國專家
William Preen 幫助晶苑引進全面品質管理概念，建立品質管理
系統，果然於三、四年間，大幅提升了企業品質水平。

　　在推行品質管理的過程中，晶苑確立了品質標準——「第

一次做對，每一次做對（Right First Time, Everytime）」於香港製衣界而言，可算「品質革命」之先驅。

品管系統，成功基石

品質保證工作，主要分「產品」及「系統」兩大部分。

初推「產品」品質保證時，生產部門不明品質保證規範，對事前準備缺乏了解，認為必定加重其工作負擔，故抗拒轉變，給推廣工作產生阻力。對品管程度，也有不同標準，生產部門認定已足，品質部門卻視為未達，由此矛盾叢生。

後來從「品質成本」（quality cost）入手，從財務表現反映品質對製造成本的影響，終令生產部門了解，品質與成本相互掛鉤。明白從生產源頭做好，能減少查驗人手，提高員工品質意識，增加生產效率，更能節省成本。於是，整套觀念從根本上改變過來。

「系統」方面，晶苑於1997年在毛里裘斯梭織廠引進ISO 9001品質系統，乃當地首家。該廠更獲得波多里奇國家質量獎（Malcolm Baldrige National Quality Award），品質管理成果，備受世界級肯定。

通過品質管理系統，工廠全體人員以提升品質為目標，不僅提升過程能力（Process Capability），更能提升士氣及改變過往觀念，終令產品質量提高，人員品質意識提升。

循成功例子，晶苑旗下工廠陸續推行品質管理系統，由管理層承諾開始，以身作則；規範及優化流程，改善生產模式；

全員參與，形成品質文化。

「品質」遂成為晶苑成功之基石和營運之根本。

以終為始，指標為本

品質要達一定水準，必須訂出指標，以終為始，籌劃執行，量化成果，檢視成敗，方能不斷進步。

生產過程中與品質相關的量化標準，主要包括「客戶首次檢驗合格率」（Customer First Inspection Pass Rate，CFIR）、「疵點率」、「客戶反饋」、「品質索賠」等。

整體來看，經多年努力，晶苑客戶首次檢驗合格率已達99.3%，這反映員工對品質要求已非常嚴格，團隊亦早建立重視品質之企業文化，由此成為企業一大競爭優勢。

品質制勝：達致零瑕疵
建立系統　培養文化

> 時至今日，品質已不單指對產品本身的要求，更引
> 申為客戶對供應商和工廠之基本要求。

品質為上，尚需努力

　　雖然晶苑產品「客戶首次檢驗合格率」99.3%達標，但仍然有不少進步空間。

　　長遠而言，冀望晶苑產品能完全無須品質檢測，達致零瑕疵（Zero Defect）境界，CFIR為100%。

　　健全品管架構，仍賴人為執行，故建立團隊品質文化，品質成本概念實屬重中之重。欲成功推行品質文化，關鍵在於「高層承諾，全員參與」。品質文化，為外界對晶苑集團之「整體感覺」，而此「整體感覺」則來自員工對品質之信念。

　　時至今日，品質已不單指對產品本身的要求，更引申為客戶對供應商和工廠之基本要求。

　　此基本要求之範疇漸廣，及至企業管理架構、產品安全管理系統、合法合規要求、僱傭管理，乃至環保及企業營運的可持續性等。凡此種種，鞭策企業不能固步自封，要謀取不斷進步，才能成為客戶之優秀供應商。

　　若要成為世界第一之製衣企業，品質文化、品質團隊、品質管理和優質產品，缺一不可。

第六章：核心經營之道

永續篇

以客為尊 可持續發展

第六章 核心經營之道～ 永續篇

以 客 為 尊　可 持 續 發 展
一、永續理念

可持續發展理念：由萌芽到開花結果
小我出發　成就大我

> 驚悉全球暖化問題日益嚴重，危機迫在眉睫，
> 我遂構思如何由自我出發，對保護環境，以至
> 可持續發展略盡棉力。

影響愈大，責任愈大

時至今日，晶苑集團的營運遍及6個國家20多個地區，聘用逾六萬人，生產量逐年遞增。2016年，晶苑成衣產量已逾三億多件，地球上平均每17名成人，即有一位身穿晶苑所生產的服裝。

集團規模日益壯大，所產成衣，於全球市場佔有率將進一步提高，影響力日漸增強，須承擔之社會責任亦會愈來愈重。

初創業時，企業以站穩陣腳為先，繼而求穩定發展和持續增長。近十年來，我一直思考，如何才能令晶苑永續經營——不僅傳承擁有權，而且持續經營模式，持續和各個合作伙伴間的關係。

企業永續經營向來困難重重，「可持續發展」理念令我如獲至寶——企業能否永續經營，其要在「人」。市場不斷改變，

人之訴求亦未停止改變。今日企業賴以成功之要素，明日或變成過時之敗因，唯一可靠者，乃「人」之靈活變通與因時制宜。

絕望真相，催化思維

2006年前後，我在航班上看完了由美國前副總統戈爾（Albert Arnold Gore）主持，呼籲關注全球氣候變暖之紀錄片《絕望真相》（*An Inconvenient Truth*）。片中述及氣候變化對全球環境之影響，並指出人類應儘速採取適當行動。驚悉全球暖化問題日益嚴重，危機迫在眉睫，我遂構思如何由自我出發，對保護環境，以至可持續發展略盡綿力。

回港後，我即購入多套《絕望真相》光碟，贈予公司全體管理層，冀望大家看後能明白事態之嚴重。其時適逢王志輝購入《絕望真相》文字版書籍，遂要求全體管理團隊抽空觀看該片，並組織集思會，互相分享感想；並鼓勵眾人關心環境，多閱相關書籍，踴躍討論晶苑該如何為可持續發展做出貢獻。

建立框架，專立部門

其時，晶苑上下對「可持續發展」概念不甚了解，只知環境保護為其中一環。

晶苑內地一家工廠喜獲廣東省「清潔生產企業獎」，得獎要求包括量度與節約能源，資源及相關成本，並需提交相關財務數據為證。由此，我即體會，環保不僅是節約資源，還應包括提升營運效益、降低生產成本。

晶苑於2007年推出可持續發展理念，以各界認同之「3P共贏」（3P指Profit，經濟/盈利；Planet，環境/地

球；People，社會/人）為基礎，量體裁衣，制定一套「可持續發展框架」，後再添加「創新發展」及「產品完整性」，成以下五大要素：

- ◆ 環境保護
- ◆ 創新發展
- ◆ 產品完整性
- ◆ 員工關懷
- ◆ 社區參與

企業如欲成功，務必獲得全體利益相關者，即股東、企業行政總裁、董事、管理人員、各級同事，以至客戶支持，同時以「大我為先」精神，共同追求可持續發展。兩者均已成為晶苑人的基因，融合而成晶苑企業文化。

建立框架後，即制定五年可持續發展計劃。欲成功推動轉變，只訂目標，顯然不足，須作定期監控，方可持續進步。

其時，不少客戶都開始成立專職部門推行可持續發展，晶苑集團質量保證部（Corporate Quality Assurance，CQA）總經理趙玉燁（Catherine Chiu）問我：「是否需建相應對口部門？」我一向深信組織架構以簡為美，不欲大增人手，故如此回應：「何不將質量保證部的簡稱，由原本的CQA，變為CQS？所添之『S』，即Sustainability（持續性）。以後，就由你的部門專門負責可持續發展工作吧！」

專門負責可持續發展工作的「集團質量及可持續發展部（CQS）」就由此誕生。

3P共贏
永續發展　良性循環

> 企業獲利，方能再投資於可持續發展，形成良性循環，而員工享有工作及發展機會，則成共贏局面，各蒙其利。

持續發展，多方共贏

可持續發展與質量保證，均屬未雨綢繆之舉，須符合規定之要求，並持續進步。

第一次即能妥善完成工作、零瑕疵、免翻工，乃「品質保證」精神，而不污染自然環境、省資源、除浪費，則為「可持續發展」之實踐，合二為一，即能相輔相成，達「3P共贏」之局面。

而「3P共贏」更可兼顧企業員工之福祉、地球長期生存及股東投資回報三方所需，亦能履行可持續發展之三重基綫（triple bottom lines）。

兼顧盈利，良性循環

初推可持續發展時，管理層均認同該理念，但仍顧慮成本問題會成為重擔。不少商界中人皆視環保為開支，部分企業經營者更視社會責任為掣肘，以為這樣會削弱企業競爭力，甚至有聲音稱，製造商理應管好生產及質量，致力環保是不務正業。此外，企業更擔心注重環保會造成經濟負擔，降低公司競爭力或優勢，以致落後於對手。

　　然而，經驗告訴我們，環保實具財務回報能力！資金用於保護環境，除能減少污染，亦能降低水電所耗。將所省開支折合，即能計算回本時日，其後所省開支，即成長期投資回報。

　　晶苑初推可持續發展時，乃本於「大我為先」精神，由關愛環境、保護地球出發。羅正亮作為現任行政總裁，亦極認同可持續發展理念，其見解更青出於藍。他認為如公司利潤不足，本身未能持續發展者，就算於保護環境、關愛員工方面成就昭彰，亦難有所為。因企業既倒，保護環境、員工關愛，根本無從談起。

　　因此，為能長期照顧環境及員工所需，務必兼顧盈利能力。企業獲利，方能再投資於可持續發展，形成良性循環，而員工享有工作及發展機會，則成共贏局面，各蒙其利。

　　經多年實踐，總結所得，盈利、環保與企業社會責任，三者之間，實能互補，並生良性效益。

營商非零和遊戲
肩負使命 改善世界

> 營商非零和遊戲，我贏非必你輸，實可憑各自努力發展整個行業，惠及經濟，助民共富。此方為工業家、企業家應肩負之使命。

非必零和，共存共榮

　　晶苑推動可持續發展雖未足10年，但所締佳績遠超初想。晶苑共獲頒大小獎項、專業認證近400項，舉其大者，如恒生珠三角環保大獎之金獎、香港環保卓越計劃界別卓越獎之金獎（製造業）、《鏡報》傑出企業社會責任獎等。

　　考其成就，「大我為先」之企業文化，功不可沒。大業功成，改變革新，事在「人」為。故「以人為本」，極其重要。

　　我樂見公司上下，不論工作生活，皆感愉快；照顧所及，始於工作間，達於家居、鄰里、社會；無論工作職務、身心健康、法律理財、生活知識均能覆蓋；務使晶苑同人全無後顧之憂，得以上下一心盡展所能，持「大我為先」精神奮鬥，共享美滿成果。

　　我一向所持理念，即賺錢固然重要，卻不容忽略環境及員工所需。營商非零和遊戲，我贏非必你輸，實可憑各自努力發展整個行業，惠及經濟、助民共富。此實為工業家、企業家應肩負之使命。

　　企業之於社會，除對員工尊重、關愛照顧、傳遞正能量外，更重要者，為承擔資源再分配責任，促進和諧，助人自助，使人員各盡其職、發揮所長，助企業提升生產力及競爭力，促進社會及經濟發展，令家庭生活美滿和諧，造就良性循環。

　　晶苑在發展中國家投資設廠，不僅為股東增創投資回報，也為當地社會創造價值，具體包括：

「以人為本」之管理——員工賺取合理工資，可提升生活水準，更能以和諧心態持家睦鄰。

「可持續發展」之營運——通過聘用工人，在提升當地國內生產總值之餘，環境仍能受到良好保護。

「產品良心」之社會價值——顧客選購晶苑所產服裝，附加生產者之良心價值，能提升社會文明程度。

　　晶苑之產業全球化戰略，不僅為發展中國家經濟及社會發展做出貢獻，亦能切合客戶及消費者所需，進而達致多方共贏。

提高標準，持續進步
量化目標　推己及人

> 牛仔褲工廠，向來被視為較高污染及耗能項目。
> 當時，我們決定將其選擇為「可持續發展示範工
> 廠」，意在迎難而上。如牛仔褲廠能有所成，生
> 產其他產品的工廠將更易成功。

目標為本，樹立典範

　　晶苑向來注重「目標為本」之數據化管理，故於2007年推行可持續發展方針時，亦定下量化目標，以助經營者更有效地執行管理，並提供努力方向。當年所採取措施，簡述如下：

1. 在集團層面，組織「環保督導委員會」
2. 制定集團環保政策
3. 制定集團五年環保目標
4. 選定中山益達牛仔褲工廠為「可持續發展示範工廠」
5. 促進內部對環保之認識及實踐。

　　牛仔褲工廠，向來被視為較高污染及耗能項目。當時，我們決定將其選擇為「可持續發展示範工廠」，意在迎難而上。如牛仔褲廠能有所成，生產其他產品的工廠將更易成功。如有可持續發展示範工廠為例子，其他工廠將更易效法，執行方法及成果亦易互相借鑒，口耳相傳後即能推動行業企業共同參與環保工作。

　　新設之全球工廠，也根據集團可持續發展所要求之環保設

施規格建造，如2015年柬埔寨新設牛仔褲廠，即採用中山益達廠之高環保標準。廠房內含節能設備、先進污水處理設備及回用水系統等。

此舉非為只達本身要求，更重要者乃樹立示範，讓當地其他工廠可參照此環保設施規格運作。冀望由晶苑開始，為發展中國家引進更多「環保工廠」概念，從而提升當地發展標準，使其既受惠於經濟發展，亦能於人文及環保上有所進步。

改變自己，改變企業，改變世界。冀望我能將晶苑經驗推廣開，以「帶動行業達到可持續發展」為方向，盡一己綿力，促成其事。

晶苑於2008年，與本港業界志同道合者組成「時裝企業持續發展聯盟」（Sustainable Fashion Business Consortium，SFBC），以聯合時裝供應鏈各單位，同就氣候變化、空氣污染及水質污染等議題，尋求解決方案，分享最佳實踐。

晶苑也積極參與環保組織項目，如2009年參加世界自然基金會香港分會（WWF）低碳製造計劃（Low Carbon Manufacturing Programme，LCMP）之領航計劃，一方面開放工廠，供對方深入了解製衣流程，以及可行之環保改造方案；另一方面，公司上下學習節能減碳知識，共同獲益。

2010年，國際性組織「可持續服裝聯盟」（Sustainable Apparel Coalition，SAC）成立，推出生態服裝的新評定標準Higg Index，旨在為時裝供應鏈各單位，由上游物料布料供

應商，至下游製衣廠、品牌商及零售商等，提供一套可持續發展評估工具，其內容包括環境、社會及勞工等，冀望最終能成為時裝業界統一標準。製衣業內，晶苑起步相對較早，故我們樂意為設立行業標準出一分力。此外，晶苑更以成衣製造專家（Subject Matter Expert）身份，為「可持續服裝聯盟」提供可行性建議。

晶苑於2012年，正式成為SAC會員，承諾於集團內，推廣及應用Higg Index，作內部教育及評核之工具，並於不同場合，分享應用Higg Index經驗，以助業界更廣泛了解其重要性，並明白如何於內部應用。

以 客 為 尊　可 持 續 發 展

二、永續策略

可持續發展理念
以終為始　務實前進

> 以終為始，晶苑於2008—2012年，推出首個可
> 持續發展五年計劃，所涉環保目標，制定從簡，
> 指標務實，能予量化，合乎數據化管理原則。

上下一心，事必可成

　　晶苑集團乃我以畢生心血建立，為我終身事業所在，由零開始，達至今日規模。無論是我、羅太太，還是管理層和整個團隊，都曾付出不少心血和汗水，歷經風浪挫折，方有今日所成。故我常反復思量，如何能永續經營，不僅關乎本人成就，更是對團隊和社會之責任。

　　永續經營，非僅空想即能達臻。看完《絕望真相》，並瞭解可持續發展之3P理念後，我對晶苑之永續經營，其心更熾。然僅靠一己之力，雖懷理念，終難落實。

　　回念一想，晶苑所聘員工數以萬計，製衣所產可視為人類第二皮膚，故「人」之元素，對可持續發展如何由理念化為實踐必不可缺，既為啓動者，亦為執行者。我若能與管理團隊並肩，堅持可持續發展理念，為晶苑永續經營奮鬥，上下一心，事必可成！

中西合璧，永續發展

2007年，管理團隊群策群力，制定集團可持續發展框架、政策及目標，組建可持續發展督導委員會負責其事。此一西方管理模式，重系統化、數據化，能作妥善管理，量化成果，數據透明，來龍去脈一目了然，有助於持續改進。

及後，晶苑既具東方「大我為先」思想，又以西方管理系統推動，中西合璧，為永續發展奠定良好基礎。

五年計劃，持續執行

以終為始，晶苑於2008—2012年，推出首個可持續發展五年計劃，所涉環保目標，制定從簡，指標務實，能予量化，合乎數據化管理原則。如減少二氧化碳排放、種樹100萬棵等；欲成功推動轉變，只訂目標，顯然不足，須定期監督，方可持續進步。

其中，有一項實在指標，乃減少產品空運次數。因空運增加成本，有損公司利潤，而飛機每飛行一公里、每運送一公斤產品，即造成碳排放，消耗大量能源。準時交貨，則無須空運即可節省成本，實屬日常責任。然此舉可將責任量化，更能減輕對地球之影響。

首個五年計劃，其成績為：

- 每件成衣減少二氧化碳排放量達21.3%。
- 每件成衣減少能源消耗達6.6%。
- 減少物料使用達34.4%。
- 植樹1,046,647棵。

　　2012年，晶苑再定第二個五年計劃，即2013—2017年之計劃，彰顯企業持之以恒，不斷突破，以可持續態度挑戰未來。所訂環保目標包括：

◆　每件成衣二氧化碳排放量減少6%。
◆　每件成衣淡水消耗減少10%。
◆　每件成衣能源消耗減少5%。
◆　使用回用水比例達50%。
◆　生產廢棄物零堆填。
◆　減少用紙10%。
◆　使用再生能源比例達10%。
◆　植樹100萬棵。

從硬件投資到長遠制勝
節省成本　強化實力

> 種下一棵樹苗，就種下一個希望。

節省資源，增競爭力

晶苑有效投放資源，提升環保效益，獲得豐碩成果。事實證明，推行環保非經濟包袱，反而能增強競爭力。

內地廠房生產成本雖較他處為高，然因推行環保政策，能源成本可節省30%，整體營運成本上漲幅度遂減，乃成其重要競爭優勢。

集團現已落實之主要環保項目，包括：

一、無紙化辦公室：無紙化辦公能簡化繁複程序，並用以下三種方式，改善授權簽名流程。

1. 減少不必要的簽署。
2. 如簽署具有重要性，減少簽署者數量。
3. 加強電腦化管理。

晶苑與供應商往來，早轉用電子支付（ePayment）、電子裝箱單（ePacking List）等處理，電子銀行的應用更習以為常。故科技發展，早省去不少簽署之流程。

二、無紙化工廠：傳統上用人工記錄員工產量，現全面採用RFID儲存電子化數據，不但準確度高、省時省力，而且能大

幅提升產能，減低採購成本。

　　工廠用紙，盡量減免，或採用環保紙。此舉除環保外，還能減少處理廢紙的時間及費用支出。現時，每年所省紙張費用已達數千萬元。

　　三、水資源管理：包括減少水和化學品的使用，並盡量循環使用水資源。

　　晶苑牛仔褲廠均引入可持續洗水方法及技術。生產期間，盡量避免使用飲用淡水，並提升水回用比例，將排放減到最低。現時，污水處理後回用率已達到80%，當中65%應用於生產，15%用於清潔及灌溉，估計每年所省淡水達18億公升。

　　水資源管理初顯成效，江蘇和廣東兩家牛仔褲廠喜獲殊榮，分別於2012年獲江蘇省頒發的「江蘇省省級節水型企業」，於2014年獲廣東省經濟和信息化委員會、廣東省水利廳頒發的「廣東省第一批節水型企業」。

　　四、應用再生能源：廠房設計盡量應用天然採光，以減少照明用電；於工廠及宿舍，應用太陽能熱水系統，減少石化燃料消耗；蒸汽使用佔工廠耗能的50%至60%，故改用可再生之生物質類燃料，從而降低碳排放。

　　五、節能設備：照明燈具逐步由T8燈管轉用T5燈管，以至LED燈管，並通過亮度測試，自動識別多餘燈具，從而提升效益。

空調方面，除在原有設備上加裝變頻發動機外，亦引入新型系統，如水蓄冷及冰蓄冷空調。新系統在晚上利用低谷電製冷，再於日間釋放冷能，可免於日間使用大量峰電，平衡當地供電使用。此舉既可節能，亦能提升供電效益。

六、新型生產技術：提升生產效能，以更少資源製造產品，亦能達到環保效果。故晶苑引入精益管理方式，採用嶄新技術及設備，或由企業內部研發機器，力求提升生產效能。

現在，晶苑廠房已採用自動吊掛系統，以及其他自動化設備，不僅提升產能，亦有助於員工減少體力勞動，提高效率。而採用激光技術，除取代有害生產工藝，亦能革新產品種類，為客戶增值，提供更多元化的選擇。

十年植樹，廣種希望

時至今日，晶苑已於設廠地區完成植樹逾150萬棵。植樹雖未為公司賺取額外利潤，但所植之樹，能與社會共生，對當地而言，所創環保及經濟效益，實在無可估量。

如晶苑於廣東清遠及曲江建生態林，重塑當地自然生態。又如在斯里蘭卡，晶苑栽種15萬棵椰子樹，不僅修復生態，也能讓當地居民通過照料果樹、販賣椰子，實現自給自足。

種下一棵樹苗，如種下一個希望。

建構節水型企業

王志輝談中山益達牛仔褲廠的濾水系統

　　中山益達牛仔褲廠，可以說是晶苑推行環保的先行者。

　　晶苑的可持續發展政策，於2007年定立，而牛仔褲廠則設立於2005年。早於2003年，我與羅先生便走訪珠江三角洲多處地方選址設廠。當時所想，是要發展專門產品，達到世界第一。分析市場後，我們決定以牛仔褲作為爭取世界第一的產品線。

　　其時，羅先生向我說，生產牛仔褲要用很多淡水，以進行洗水等多個工序，他希望廠房完全不使用食用淡水，同時也要根據法規，盡力減少污染物排放。

把握先機，設濾水廠

　　當年我們已預見環保法規勢將愈收愈緊，污水處理除須合乎國家標準外，還要具前瞻性，因此我們必須主動改良設備。

　　我們在2004年敲定建築藍圖時，做了兩套水網，一套用自來水，另一套用處理後的回用水。規劃建廠時，則採用了當時最先進的污水處理設備，經洗

水工序後的污水通過高效的濾水系統處理後，就可重複使用於生產中，或其他非生產用途，例如沖廁、綠化、清洗馬路，以減少對外排放。

可見晶苑的環保意識，其實早已存在。

勇於實踐，建立文化

我們參加了不同的環保獎項評比，並屢獲殊榮。參與獎項評比最重要的目的，是要令員工更團結一心、眾志成城，為共同目標而奮鬥。贏得獎項，肯定了員工們所做的努力；獲得各界認同，令他們更樂意去做更多與環保相關的工作。

通過參賽激勵，我看到廠內氣氛更團結。中山益達牛仔褲廠成為晶苑集團的示範工廠，不僅能令其他姊妹工廠有一個成功的榜樣來效仿，縮短學習時間，同時也獲得了客戶認同。

我們亦非常樂意與業界及其他行業分享經驗，逐漸改變同業對環保的看法，讓他們明白投資環保，並非只是大撒金錢，一無所獲，而是能降低經營成本，提高競爭能力。

羅先生經營晶苑46年，在這一行業工作也逾50年。我相信他的心願，是通過可持續發展，通過我們

的價值觀、文化，令晶苑成長為長青企業，並能與同業分享如何在發展的同時，減少對環境的影響、對資源的消耗，進而提升企業標準，為社會做出實實在在的貢獻。

全面創新成為新常態
鼓勵創新　多方共贏

> 晶苑於生產流程、管理模式方面屢屢創新。無論是在車間，還是在辦公室，晶苑均鼓勵員工提出創新意見。從優化生產過程、改善工作效率，到提升員工生活水平等，各種建議均受到企業歡迎。

全面創新，提升價值

晶苑重視「全面創新」，此乃企業核心價值之一。

「全面創新」指無論各大小環節、步驟、流程、產品、服務，均鼓勵創新。

創新，為不斷持續之過程。晶苑鼓勵全民參與創新，一方面引入先進自動化設備，另一方面積極參與新技術研發，這對提升集團生產力功不可沒。

除創建有利環境，鼓勵全民參與外，集團屬下各分公司均設專屬產品設計中心，不斷開發新產品及新技術。同時，晶苑亦設工業工程部，用以提高生產力；工廠規模較大者，更設技術發展部，研發洗水、機械或軟件科技，如電腦化、RFID應用、大數據分析、提升工業4.0應用能力等。這不僅彰顯晶苑銳意創新之決心，亦確保創新之管理及執行順利展開。

集團內現已設有：

1. 全國首家國家級認可企業內建牛仔褲檢測實驗室
2. 廣東省級認可牛仔褲工業技術中心
3. 中山市級內衣企業技術中心
4. 針織及毛織成衣研發中心
5. 四所持續改善中心

持續改善中心推動研究製衣設備及工藝改良、技術創新、產品創新、工藝創新、流程優化等，並通過自家開發之輔助工具提高勞動生產率。如針對車縫牛仔褲裝袋難度較大，對工人技術要求高，創新團隊研發裝袋輔助工具，既能提高效率，又降低了對工人技術要求，緩解了用工壓力。

創新解難，實現共贏

晶苑於生產流程、管理模式方面屢屢創新。無論是在車間，還是在辦公室，晶苑均鼓勵員工提出創新意見。從優化生產過程、改善工作效率，到提升員工生活水平等，各種建議均受到歡迎。

員工所提創新項目，不乏改善生產運作、車縫工藝、工作方法者，在提升品質之餘，亦體現可持續發展「多方共贏」之優點。如建議具有可行性，對員工予以獎勵，故員工熱心建言，眼見一己創新落實，亦能激發其工作熱情。

晶苑不少創新，或多或少已顛覆傳統製衣方式。不少破舊立新的提議，可令品質提升。次品既減，浪費亦省，縮短操作時間，有助提升產能，員工效率改善即可多賺工資，公司則可一同獲益。

由優良品質到良心品牌
良心產品　關愛世界

> 有些問題今日雖未受法規所管，但不等於可以
> 視而不見，默許其存在。企業應具先見之明，
> 製造良心產品，創建良心企業。

品質為本，一次做對

工業企業，製品品質極為重要。

晶苑向來重視品質，除將「品質為本」視為企業價值觀外，更成立專職部門制定品質政策，冀能為國際品牌客戶，以至最終消費者，提供具有「優良的品質、準確的時間和合理的成本，符合社會責任及產品安全要求，並對環境帶來正面影響」之產品，「使其感受物有所值之喜悅」。

時裝產業鏈，工序繁複，環環相扣，稍有差池，問題即如雪球般愈滾愈大；對於品質，晶苑一直力求堅持「第一次做好，每一次做好」這一精神，不容問題出現，更不任其蔓延。引進品質管理系統，制定品質目標並宣傳溝通，務求公司上下全部了解集團對品質要求嚴格、極端重視，使員工將品質視為己責，人人出力。

再以成衣安全為例，晶苑應用設計風險分析，就產品款式提出安全風險，並與客戶溝通，解釋風險所在，建議防患未然之改善的方法。生產完成後，更對產品進行測試，確保功能、物理及化學性質上，均對用家安全無害，以作雙重保險。

良心產品，良心企業

晶苑集團以品質為本，所重視者，除產品質量、優良安全無害外，更重視其良心價值。

傳統品管管理觀念，以產品本身為主，往往忽略對負責生產者、市場消費者，以至廣大公眾所產生之影響。

晶苑在面對客戶、消費者、集團上下，以及氣候變化和全球污染問題上，堅持可持續發展理念，重視產品良心，冀望能在製造時達致環保安全，無負於員工、消費者、社會，以至地球生態。

公司內部亦重視生產安全，確保同事工作環境安全舒適；於製造設計時，引進低碳生產概念，務求每一生產環節，均較傳統方式更為節能環保。

良心化產品得以成功，有賴於管理層及員工同心合力。有些問題今日雖未受法規所管，但並不等於可以視而不見，默許它存在。企業應具先見之明，製造良心產品，創建良心企業。

保護品牌，贏得信賴

對於自然環境、整個世界，以至人類福祉，大家均應有所承擔，絕不能只顧「小我」發展，而忽視「大我」所需。如大家均無視「大我」需要，相信環境大我，亦會對肆意破壞地球生態之「小我」作出回應。最終受害者，必為今日自私之「小我」。

晶苑之成功，除具卓越團隊外，客戶信賴亦極為重要。全體客戶皆認同服裝品牌均須面對消費者所需。如產品出問題，

消費者將對品牌喪失信心。故身為生產商，務必不負消費者，為良心產品時刻把關。如此，品牌客戶方能安心委托，業務則蓬勃可期。

照顧客戶品牌，將之視如己出，客戶由此獲得可靠支持，我們亦得穩定訂單，戰略伙伴關係遂更緊密，雙贏可達。為支持可持續發展，製造良心價值產品，所作投資必然增加。然晶苑心繫「大我」，當應環保及社會之所需，當仁不讓，亦在所不惜。長遠而言，有助於提升晶苑之市場競爭力，促進可持續發展。

既是員工，亦是家人
實踐理論 人性管理

> 欲落實人性化管理，必先要求各級主管，皆以
> 人為本、以身作則、將心比心、尊重員工，以
> 助員工提升產能、增加收入、保障安全、身心
> 愉快，個人生活水平遂能提升，並惠及家人。

關愛員工，人性管理

晶苑以人為本，向來重視員工關懷，所訂策略以著名心理學家馬斯洛（Abraham Maslow）之「需求層次理論」（Hierarchy of Needs）為基礎，既滿足員工基本需要，亦喚醒同事意識，明白一己潛能，有力向上發展，進而與企業共同進步，為社會作出貢獻。晶苑又借培訓及發展機會，使其明白改變世界，必先反求諸己，立己立人；組織活動，皆為培養歸屬感，促進團隊共融、彼此尊重。

欲落實「人性化管理」，必先要求各級主管，皆以人為本、以身作則、將心比心、尊重員工，以助員工提升產能、增加收入、保障安全、身心愉快，個人生活水平遂能提升，並惠及家人。

安全保障，視若家人

員工安全，極受晶苑重視。法律雖未規定，但晶苑已自覺訂立更完善標準，冀望保障生產安全，以體現「大我為先」精神。

只要換位思考，先想他人所需，即見風險所在。晶苑立志

要成為世界第一之製衣企業，未來將建立超級工廠，聘用數以萬計的員工。因此，人命安危，責任重大，對消防隱患、工業安全、職業健康，均需份外在意。

工業安全，目標當為「零容忍」。對待員工如若家人，豈容犯險？雖然工廠機械，風險自存，但完善安全措施，可免不必要危害。

高級管理人員均要定期開會，集思廣益，估量危機，並致力優化危機管理機制。

女性員工，多項關愛

晶苑集團女員工佔整體員工人數的七成，可謂「撐起半邊天」，故晶苑特為女性員工提供不少關愛及個人成長項目，如準媽媽座談會、健康回報計劃（Health Enables Returns，HER），以及P.A.C.E.項目。所提供項目內容豐富，包括個人健康、家庭計劃、壓力及情緒管理、溝通技巧、法律及理財知識等。

就個人而言，健康教育有助改善女性體質，使她們能更有效平衡工作及生活，妥善照顧家人；擁有健康的身體及特定技能者，亦更易於在工作中獲得升遷機會，進而提升生活水平；改善溝通技巧，既有助於同事間融洽相處，亦能改善鄰里關係。

與人相處融洽，於己生活健康，惠及家庭以至社會。晶苑專為女性而設的此類計劃至今已有15,000多位參與者。

成就優秀的「企業公民」
取諸社會　用諸社會

> 有受助學生學有所成，應聘加入晶苑實習生計劃。播種善因，收成善果，殊堪稱慰。

取諸社會，不吝回饋

晶苑願履行企業社會責任，成就優秀的企業公民。集團人力資源部提出「同分享、齊關懷、共成長」的口號，正反映構建「無疆界社會」之願景。企業號召公司上下，投身社會服務，秉持「以人為本、大我為先」之理念，幫助弱勢群體。基於此，晶苑有幸在2010年，獲頒「首屆香港杰出企業公民獎金獎（製造業）」。

晶苑成立之初，羅太太與我常走訪不同地區考察，制訂設廠計劃。每於落後地區，見衣衫襤褸的老人或失學兒童遊蕩街頭，感觸殊深。故多年來，晶苑陸續與善心友好人士合作，推動慈善活動開展，如安排學校、大小企業、政府部門相關人員到晶苑廠房參觀，冀望為社會注入正能量。晶苑還曾成功在順德羅定邦中學推行「七習慣」及社會參與活動，安排師生到晶苑工廠參觀，借此拓展該校師生的文化視野。

「取諸社會，用諸社會」，我今日得此社會成就，理所當然要作出回饋。故晶苑致力向員工灌輸關懷分享文化，旗下各廠均設義工隊伍，協助建設當地社群，鼓勵他們回饋社會。

擔任義務工作後，員工自能了解，憑一己力量亦可貢獻

社會。員工參與義工服務，每見受助眾人均為生活困苦者，即明白幸福非必然，從而提升鬥志、愛心及修養，追求更卓越人生。

用諸社會，親力親為

曾有人言，從商為業，生意為先，耗費心思組辦慈善活動，能否有益於生意？如欲為善，捐款即可，自有代勞之人。

羅太太與我，皆認為捐出善款並非難事，然如何確保所施分毫俱能惠及真正需要者？或者如何令受助人自力更生？故我贊成親力親為，「助人自助」方能真正履行社會責任，有助社會持續向好發展。

玉清基金，造福社會

羅氏家族名下，雖已設「宏施慈善基金會」，致力「關心弱小、慈善為懷」，並由我擔任主席一職。然念及身體力行，我遂鼓勵羅太太另立基金以開展慈善事業，並由她親自主持。2004年10月，羅太太以自己之名成立「玉清慈善基金」，以期造福社會，協助所需。

每年，晶苑集團均聯同「玉清慈善基金」服務內地貧困地區。2009年，該基金贊助韶關市曲江區成立志願者協會，宣揚「幫助他人，服務社會」之理念，所需經費均由晶苑提供。至今，該協會已有逾14,000名義工，預計每年可提供九萬多小時義工服務。

「玉清慈善基金」還設有「復明行動」，與曲江眼科醫院合作，為貧困長者開展白內障手術，使其重見光明，既能照顧

自己，還能照顧那些父母在外地工作的留守兒童。此外，該基金亦協助中國偏遠地區醫院更新醫療設施，資助培訓計劃，提升醫護專業水平。

我一向深信知識改變命運，教育對社會發展尤為重要，故早在1997年，晶苑即參與香港義務工作發展局開展的中國「希望小學」計劃。「玉清慈善基金」同秉重視教育理念，於貧窮及偏遠地區興建新校，翻新校舍，為弱勢兒童提供免費教育，同時捐贈獎助學金，冀望為中小學生接受教育盡綿薄之力。

及後，該基金擴大支援範圍，助弱勢學子接受高等教育，使其脫貧，受惠獎助學金者亦擴充至高中和大學。有受助學生學有所成，應聘加入晶苑實習生計劃。播種善因，收獲善果，殊堪稱慰。

晶苑「義工隊」會定期探訪復明手術受惠長者，以及基金所支援學校。除捐助桌椅文具外，義工更無私奉獻心力，與偏遠山區學生共同遊戲。每逢節日，還親自下廚，與學生同享菜餚。

每遇天災，晶苑亦解囊捐助，除捐助應急款項、食物衣履以及急需物資外，更安排職工募捐，以解災區人民的燃眉之急。

結伴而行，走向希望

共襄善舉僅屬「社會投資」，對企業帳面盈利並無貢獻，然受惠者以至整個社會創造價值，帶來希望，傳遞正能量，亦屬值得。

踏上可持續發展之路，絕非平坦大道，需要有無比決心、

勇於承擔和高瞻遠矚。奮鬥過程冷暖自知，所幸我能領略希望及機會對人之重要。人若能有進步之望，有充實一己之機，即能自力更生，自給自足。

另有幸者，有賢內同行，吾道不孤。羅太太與我互相扶持，伴我共度艱苦歲月，由建立家庭到並肩創業，50多年來風雨無悔，對其愛護與支持，謹致萬分感激！

以 客 為 尊　可 持 續 發 展
三、永續文化

可持續發展理念——「大我為先」
企業文化　永續所依

> 晶苑雖為家族企業，卻以「大我為先」之理念
> 追求永續發展，經營視野遂變長遠，能令管理
> 層鼓足勇氣，面對短期逆境，部署長遠投資。

企業文化，永續之源

　　企業欲求永續經營，管理者須對「大我為先」及「可持續發展」理念深入了解、充分認同，並致力建構，使其成為企業文化。

　　晶苑雖為家族企業，卻以「大我為先」之理念追求永續發展，經營視野遂變長遠，能令管理層鼓足勇氣，面對短期逆境，部署長遠投資。

　　企業管理者，尤以最高領導，如行政總裁，不僅需照顧股東利益，更要照顧員工、客戶及社會利益。若能以「大我為先」，摒除自私「小我」，以集體目標作為團隊努力方向，鼓勵每位員工於本位發揮，以企業家精神施展潛能，便能取得長遠而持久之利益。

　　立足商界多年，我耳聞目睹不少大型企業沒落。究其原

因，不外乎只重眼前，不願長遠投資於培育人才、建構企業
文化，缺乏核心競爭力。如領導者目光短視，僅追逐「小我」
利益，致團隊腐化，企業由是沒落。只重短期利潤提升，背後
所付代價，乃犧牲未來競爭本錢，蠶食企業長遠前景。時日一
久，即難敵商海波濤。

軟硬兼備，帶來優勢

晶苑多年來所建團隊，皆認同「大我為先」理念，能棄
「小我」短期利益，優先考慮團隊目標，以「大我」為重。如
遇問題，則團隊成員共同承擔。企業用人唯賢、充分授權，員
工方能自主，遂能視公司業務為己業，盡展所長。企業員工「
以人為本」，善於換位思考，以同理心待人，了解客戶及同事
需要，整個企業猶如無疆界組織，溝通透明，相互尊重，凝聚
力遂強。

晶苑客戶屬國際大型服裝品牌，能與之結成戰略夥伴關
係，不離「安心信賴」四字。晶苑所製產品，無論品質、價
格、品牌保護、產品開發、系統結合，均能滿足客戶所需。信
心所繫，業務自來，故晶苑能訂單無憂。

晶苑團隊，軟硬實力兼備。軟實力如團隊人才、企業文
化、良心生產、以客為尊、可持續發展等，加上資訊科技、創
新技術、品質系統等硬實力，遂成晶苑之競爭優勢。其勢既
成，晶苑即可邁向永續經營。

如想學習其要、複製其成，甚至欲取代其位，相信亦知
易行難。

一位偉大企業家的360度感染力

趙玉燁（Catherine Chiu，晶苑集團品質及可持續發展部總經理）談羅先生的可持續發展哲學

我在晶苑工作20多年，看到羅先生與羅太太持續關心社會、支持環保，並身體力行，深感敬佩。

羅先生常說，若只於晶苑內推行環保及社會責任，受惠者就只有我們自己的員工。若集團上上下下數萬名員工一起支持，由他們去感染身邊的人，例如家人、親友、客戶、供應商、政府員工、學校師生等，這股360度的感染力，將由一個企業影響更多企業，進而影響整個行業，再擴展到影響社會、國家，以至全世界！這樣，我們對地球的貢獻就會更大。

我想，這些只有頗具遠見的企業家才能做到。因為晶苑於不同國家設廠，僱用大量員工及管理人，建立當地的物流網絡，通過基建及培訓，配合晶苑可持續發展理念等企業文化，直接或間接地推動當地經濟發展，提升人民生活水平，增強民眾環保知識和管理能力。這對於當地的環保、經濟及民生，都做出極大貢獻，達致多方共贏。

作為晶苑員工，我耳聞目睹老闆分享這套理

念，實在大為感動，並受到鼓舞。羅先生常說，做生意不只是為利潤，還要顧及人和環境的可持續性，否則工廠亦不能長遠發展。

學習於賢，終身受用

我從2007年開始，跟隨羅先生一起推動可持續發展政策實施。多年來，除了減少能源消耗，晶苑更建立起良好的企業文化。雖然過程中，不免遇到困難及挑戰，但我從羅先生身上學到的，畢生受用無窮。他說：

> 「每個人都應該有自己的夢想，並為其努力，使能成真。」
>
> 「不要害怕失敗，這只是成功的墊腳石。」
>
> 「如你想改變世界，必先從改變自己開始。」

我十分敬佩羅先生。他不僅是集團主席，更是整個集團的精神領袖。雖年過75歲，但他仍鍥而不捨地堅持及推動可持續發展，更改變原來的低調作風，不斷向外宣揚可持續發展對世界的重要性。

他是一位非常仁慈、充滿熱誠、極具同理心的領導。他充分利用一己創意，推動企業文化建立，更樂於分享其感人經歷及童年的艱辛故事，試圖通過不同方式去勉勵年輕人，令人建立積極正面的價值觀，為他們的未來注入希望。

他也是一位開明、調皮的爺爺，在參與集團組織的義工活動或其他不同的場合中，我看到他與家人和睦相處，感受到他對家庭的重視，特別是對家庭教育及相互溝通尤為看重。

這種感染力，令我能從更宏觀的角度思考，亦啓發我待人處事都要充滿熱誠、慈愛，設身處地為他人考慮，並積極讚賞他人。

我確信這也能感染整個部門的同事，提升我們的凝聚力。對待不同部門的員工或其他合作夥伴，這種精神更能促進融洽的合作關係。

我享受在晶苑工作的每一天，亦感恩有一個美滿的家庭。羅先生除在工作上教導我，亦啓發我反思之前對家人的態度及相處方式，並做出修正。我的父母看到我這些年的改變，亦深感欣慰。作為一個部門主管及母親，我願意繼續傳承這種理念，讓世界變得更加美好。

成為可持續發展的代言人
改變自己　外求和應

> 晶苑在可持續發展道路上起步較同業為先，亦
> 獲各界嘉許。晶苑也願意儘量與同業及公眾分
> 享所知，冀望終能成業界標準。

積極推動，影響世界

從前我認為，若能獨善其身、自行正道，即此心安處、足慰平生。有關經營之道、待人處世、所思所得，我均樂於與同事分享，然僅限企業內部，將其視作企業文化之一部分，對外罕有論述。

晶苑在可持續發展道路上起步較同業為先，亦獲各界嘉許。晶苑也願意儘量與同業及公眾分享所知，冀望終能成業界標準。

2010年，時值集團成立40周年，晶苑以私營企業身份推出集團首份《可持續發展報告》，其後更隨《全球報告倡議》（Global Resources Initiative，GRI）框架每年發表。該報告今已成集團重點溝通工具，除與讀者，如員工、客戶、供應商及社會大眾等分享工作實踐、相關計劃及目標進度外，亦彰顯集團之透明度，以便各界能就晶苑所做工作給予反饋。

在企業內部，團隊上下乃最主要利益相關者。要改變企業，務必先改變員工。我遂為同事組織「全球可持續發展論壇」，集合不同地區工廠及相關部門互相學習分享，並組織

參觀工廠，以便彼此借鑒。此外，再設「可持續發展101」講座，供生產部、營業部、設計部及品管部同事參與，使其瞭解可持續發展之意義，並於工作中實踐。

在企業外部，利益相關者雖多，實應以客戶為先，故晶苑常組織客戶屬下各部門人員來廠參觀。同時，晶苑亦應客戶要求，開放工廠讓供應商，甚至晶苑的競爭對手前來參觀，分享可持續發展實戰經驗。

同業好友亦為宣傳重點。故晶苑與各大商會及當地政府合作，專為製衣業同行開放參觀，以期拋磚引玉，互相學習。

我與團隊亦冀望年輕一代能認識製衣行業真髓及可持續發展之道，故積極與學界合作，為大中小學提供工廠參觀、學科項目合作、實習生計劃等。

針對不同對象的參觀分享活動頻繁，參觀者已逾萬人次。

以 客 為 尊　可 持 續 發 展

四、永續協作

可持續發展理念：一加一大於二
協同效應　發揮力量

> 對企業而言，可持續發展乃將原來的外在因素予以
> 內化，對受企業運營影響之利益相關者，更不容掉
> 以輕心。

協同發展，共享價值

　　對企業而言，可持續發展乃將原來的外在因素予以「內化」（Internalise），對受企業營運影響之利益相關者更不容掉以輕心。故企業須掌控各利益相關者力量，創造協同效益，與各界共享價值。

專業打造，樹立楷模

　　中山益達牛仔褲廠自2007年起投資節能環保項目，所減用電成本已等於節約電力150萬千瓦時，若干環保建設更可於半年內回本。

　　中山益達牛仔褲廠積極參與專家團體舉辦的環保活動，如香港生產力促進局（HKPC）舉辦的清潔生產審核項目、世界自然基金會（WWF）舉辦的低碳製造計劃（LCMP）領航項目等。通過這些活動，晶苑學習到行業最佳實踐，以及碳足跡計算與管理方法。近年來，中山益達牛仔褲廠完成廣東省清潔

生產自願審核，並獲得低碳製造計劃白金標籤，成為該計劃項目中首家獲此最高認可之牛仔褲工廠，為集團旗下各廠樹立了學習榜樣。

晶苑是「可持續時裝」倡導者

世界自然基金會香港分會行政總裁顧志翔先生
對晶苑之評價

世界自然基金會為全球性環保組織，其使命在於建立人類與大自然和諧共存的未來。香港作為亞洲主要的商業中心，本地商業機構是世界自然基金會香港分會的強大盟友，與我們一同推動香港成為亞洲最可持續發展城市的願景，當中晶苑集團更是本會的長期支持者。

在一般人眼中，製衣業與環保的關係不大。然而晶苑集團卻早在2009年，就率先參加本會的「低碳辦公室計劃」（LOOP）及「低碳製造計劃」項目，更連續五年獲得標籤認證，不斷提高企業的碳績效。事實上，在這兩項計劃開展初期，晶苑集團就主動與本會商討如何在製衣業推廣可持續發展，主席羅樂風先生亦聯繫製衣同業，成立「時裝企業持續發展聯盟」，創造及帶領「可持續時裝」的發展。

2010年，晶苑集團成為本會的公司會員，積極制定及實踐公司的環保政策，集團員工亦定期參與本會在元洲仔自然環境保護研究中心、米埔教育中心及海下灣海洋生物中心的活動，提升環保意識。此外，集團多年來均參加了本會的年度旗艦活動──「地球

一小時」，身體力行減少碳排放，自2011年起晶苑
更贊助了大會服裝。

創造可持續發展的無限商機
環保產品　開發商機

> 晶苑對可持續發展向來有承擔，並常持開放態
> 度，遂能吸納及融匯多方專才，與眾多志同道
> 合者集思廣益，為未來永續經營奠定基礎。

世界潮流，商機無限

中山益達牛仔褲廠於環保方面取得佳績，成功改變人們的一貫思維，使大家認同「牛仔褲亦能環保」。

環保產品已成世界潮流，晶苑客戶皆屬國際品牌，極為樂意生產相關衣物。有鑒於此，晶苑特添置先進環保生產器械，與客戶合作發展及製造環保新產品。目前，晶苑擁有眾多高效環保新技術，包括臭氧漂洗、鐳射、環保化學、可持續洗水工藝等。創新產品包括：與GAP合作生產1969系列，部分產品於生產時可節省80%的能源、水足跡和碳足跡；Levi's水循環項目（Water Reuse/Recycle Program），更能以100%回用水生產牛仔褲；其他還有以有機或再造面料生產成衣等。

為配合環保新產品誕生，晶苑更研發了「環保洗水計算程序」供客戶使用，協助計算牛仔褲產品的生產工序能為地球節省多少資源等。

晶苑對可持續發展向來有承擔，並常持開放態度，遂能吸納及融匯多方專才，與眾多志同道合者集思廣益，為未來永續經營奠定基礎。

以 客 為 尊　可 持 續 發 展
五、展望：邁向世界第一

成為永續經營之企業
投資於人　建立團隊

> 所幸晶苑早明其理，以人為本，培育出願意承擔、上下一心、極力支持可持續發展理念之團隊，遂成為企業一大競爭優勢。

謀事在人，成事在人

可持續發展政策乃大趨勢，但政策須靠人推動方會成功。如企業決策者不認同該理念，積極性自然欠缺，導致企業發展舉步維艱。某些企業往往只重短期利益，忽略投資於「人」，面對不明朗因素時，寧可裹足不前，也不願創新前行，遂難戰勝未來挑戰，遑論永續經營。

所幸晶苑早明其理，以人為本，培育出願意承擔、上下一心、極力支持可持續發展理念之團隊，遂成為企業一大競爭優勢。

以環保政策為例，除著重建設基礎設施及管理系統外，對於營造綠色文化，由內部培訓、與供應商員工交流，以至宣傳推廣，均須投入資源大力提倡，務使綠色文化能成企業文化之一部分。如此，方為成功之道。

榮膺《財富》雜誌獎項：
亞洲企業排名第一

> 晶苑獲獎，固然值得慶賀，然而另一深層意義，則是集團上下一貫主張的理念——「改變自己、改變企業、改變世界」得以彰顯，並獲得了國際上的認同。

改變企業，改變世界

美國《財富》雜誌在2016年公布全球「50家改變世界的企業」榜單，晶苑集團位列第17位，在所有獲此殊榮的亞洲企業中排名第一，也是香港地區唯一上榜的企業。

晶苑獲此榮譽，固然值得慶賀，然而另一深層意義，則是集團上下一貫主張的理念——「改變自己、改變企業、改變世界」得以彰顯，並獲得了國際上的認同。

在《財富》雜誌的報道中，對晶苑集團珍惜資源、關愛員工的做法均有提及，其中重點提到的項目包括：2015年，晶苑製衣過程中，減少30%的淡水消耗，減少6%的二氧化碳排放；聘請心理輔導專家駐廠，關注員工的心理健康，並通過「個人提升與職業發展計劃」，培訓女性基層員工的管理能力與電腦技能，以備晉升等等。以上都是晶苑集團努力不懈推動可持續發展的工作，以及「以人為本，大我為先」精神的體現。

策勵向前，自強不息

《財富》雜誌乃國際性權威管理雜誌，晶苑此次獲得國際性大獎，並在所有獲獎的亞洲企業中排名第一，依靠的是全體員

工的共同努力。集團上下，皆感自豪，在此，特別感謝家人、員工、客戶、供貨商及所有管理團隊一直以來的支持與鼓勵。

雖然取得佳績，我卻不敢自滿，更需反躬自省，繼續努力。晶苑未來仍將致力於可持續發展，眾志成城，自強不息，在邁向世界第一之製衣企業的道路上不斷前行。

讓夕陽變驕陽
世界第一　逐步實現

> 但願晶苑能憑藉「可持續發展」成為世界第一
> 之製衣企業，吸引更多新一代年輕人入行，將
> 製衣行業由人稱之「夕陽行業」發展成香港工
> 業之「驕陽」——夕陽變驕陽！

持續發展，吸引人才

自我年幼從事製衣開始，即深有體會，欲改善生活，先反求諸己。多年以來，我一直努力工作、奮鬥不懈，冀望可自力更生、脫貧濟世，於是衍生對製衣之情結。

製衣企業所聘人數眾多，能促進所在社區的就業率。工人若能勤奮，即有自力更生之機。如能建設大廠、聘用更多工人，使之安居樂業，更可促進社會轉變。

晶苑集團的願景為邁向世界第一之製衣企業，於可持續發展理念支持下，正在逐步實現。

因秉持「大我為先」理念，提供良心產品，正好順應世界趨勢，配合各大時裝品牌重視可持續發展之市場力量，晶苑遂能幫助客戶維護競爭優勢，並贏得客戶信任，成為共同發展之策略伙伴，為消費者提供安全、放心、物有所值之時裝產品。

但願晶苑能憑藉「可持續發展」成為世界第一之製衣企業，吸引更多新一代年輕人入行，將製衣行業由人稱之「夕陽行業」發展成香港工業之「驕陽」——夕陽變驕陽！

第七章　企業傳承篇

以賢為繼　啟永續經營

第七章 企業傳承篇

以 賢 為 繼　啟 永 續 經 營
一、企業傳承，選賢與能

傳承之道：力避家人與公司綑綁
富不三代　選賢繼位

> 長子繼承全盤生意，背負家庭期望，如非其本願，或不備其才，極易滋生矛盾，亦不公道。萬一生意不景，家道中落，其所承擔壓力只會與日俱增，傳承恐變「存亡」之窘。

後人爭產，守業更難

　　名門望族後人爭產，時有所聞。家庭成員法庭相見，官司不論勝負，各方早成輸家。大好家業，分道揚鑣；血濃於水，卻視如陌路，甚至老死不相往來，令人惋惜感嘆。

　　常言道：「富不過三代」。先人創業，本意為求後代富足，生活無憂。若後人爭產，雖說家財仍在子孫手中，然家族從此失和，絕非白手創業起家、冀望子孫發揚光大者所樂見。

　　有云「創業難，守業更難」，如何將成功企業世代相傳，團結後代子孫，成就百年基業，向來為中資企業之最大挑戰。

家族生意，未必傳子

　　華人社會，向來以血緣凝聚，多憑關係經營。傳統思維，無後為大、重男輕女，故中資機構多有「傳子為先」之念。

對此想法，我不敢苟同。我深感規定由家族中人傳承企業，對下一代可能並非美事。

長子繼承全盤生意，背負家庭期望，如非其本願，或不備其才，極易滋生矛盾，亦不公道。萬一生意不景，家道中落，其所承擔壓力只會與日俱增，傳承恐變「存亡」之窘。

因此，家族生意並非必須由下一代管理。

企業傳承，在於能力

我認為家庭成員當以和為貴。家族傳承，其要在於和諧；企業傳承，其要在於能力。

公司擁有權與管理權，實可完全分割。要建百年家族基業，掌舵者不必一定為後代子孫。家族成員成為企業股東，企業可外聘專才經營。家庭和諧幸福，遠比掌控企業更為重要；更不應因財失義，由親變仇，致家不成家。

企業如要永續經營，就不應將家人與公司綑綁，而家族傳承及企業傳承，亦務必妥善安排，早作綢繆。

薪火相傳：挑選合適接班人
實業實幹　舉不避親

> 如遇下一代本身具能力、有理想，願傳承企業，品格又合適者，就應長期用心栽培，視其發展進度，斷定能否接任。

賢者接棒，用心栽培

晶苑以製衣為業，與置業收租或理財增值者不同，須實幹經營，成功有賴勤奮。展望未來，製衣業市場競爭激烈，優勝劣汰，適者生存。相信未來不同種類服裝製造商最終只餘數家，屆時，每家倖存者均應為環球生產商，規模將更加龐大。

晶苑冀望能位列其中，故擇人接棒務必謹慎而行。以有德具才、勤奮實幹、能統領全域，不斷創新，認同「大我為先，以人為本」文化並身體力行者方為佳選。

雖說傳承非必因循血緣，然舉賢不避親，家族中若有合適人選，更屬美事。故此，如遇下一代本身具能力、有理想，願傳承企業，品格又合適者，就應長期用心栽培，視其發展進度，斷定能否接任。

領袖特質：品德為先

擔任大型企業領導者，首先必具將才。下一代企業接班人，絕不可毫無行業知識，但也無須事事通曉。

領導及管理能力，均可依靠後天培育。身居其位，知人善

任，以德服人，更要聘用良才輔弼，協助企業經營發展。

身為最高領導，帶領公司發展，有責任照顧同仁福祉，其政策必須方向清晰，處事情理兼顧，為人循規蹈矩，才能獲得團隊、商業伙伴及客戶尊重。

我對晶苑接班人之要求，先決條件為品格高尚，待人處事奉「大我為先」為圭臬，秉持「改變自己、改變企業、改變世界」之理想，並具有遠見及領袖魅力。

用軟實力，培育魅力

培育下一代接班人，重點不在於行業知識，更看重良好品格、思維、遠見、待人處世等軟實力。尤須學會做人，對財富建立正確觀念，培育對家庭、企業及世界之使命感，以及對未來發展之遠見，如此，方能真正發揮領袖魅力。

如家族中無一人可達要求，我認為不如另聘專業人才經營企業，對個人、家庭及公司而言，均屬較佳選擇。

時至今日，擔任股東者，亦應知進知退，絕不宜於背後指點江山、左右運作，否則影響員工士氣及企業發展，最終損害自己及家族利益。

繼承人選：及早建立接班梯隊
隔代接棒　安排妥善

> 公司上下，對羅正亮掌舵，待其65歲退休交棒
> 羅正豪的安排，已有共識，各分公司管理層也
> 大力支持。此舉能避免公司因前景不明而招致
> 混亂，對整個集團均有好處。

幸有賢才，順利接班

晶苑與我，可謂萬分幸運，因傳承企業之理想人選，就在子女當中。

可能有人認為，於家族內敲定人選，晶苑與其他家族企業實無二致。然而，無論是羅太太，還是我，均沒有必須由家族中選人繼承公司之執念，一切皆運氣使然。

長子羅正亮有能力及興趣繼承企業，於2008年正式接任集團行政總裁。此後，他一直表現優秀，確為接班不二之選。

現時晶苑高層管理者，大部分與羅正亮同輩，年齡相近。換言之，他們亦將於相若時期，約15年後退休，故難以在其中尋求理想之第三代接班人。羅正亮於企業傳承方面青出於藍，較我更深思熟慮。他現已開始培養第三代領導人，於15年後接班。

儲備人才，繼續向前

第三代理想接班人選，乃是四子羅正豪。羅正亮與羅正豪

年齡相差13歲。2015年，羅正亮就已與38歲的羅正豪達成共識：15年後當羅正亮65歲退休時，羅正豪即能接棒。幸而羅正豪有興趣，亦有能力擔當重任，接班年齡非常適合，可謂天遂人願。

公司上下，對羅正亮掌舵，待其65歲退休交棒羅正豪的安排，已有共識，各分公司管理層也大力支持。此舉能避免公司因前景不明而招致混亂，對整個集團均有好處。

審視晶苑管理梯隊，即發現中高層管理人員日後亦將陸續退休。故企業傳承，不僅需選一合適掌舵人接棒，並須考慮培育整個高中層管理團隊。晶苑現已開始由大學招聘並儲備人才，以滿足接班及傳承需要。對中層管理人員，則加強領導及管理能力培訓，務必使羅正豪接班時備有足夠人才輔弼，以助晶苑繼續向前發展。

伙伴認同，賜予祝福

Uniqlo創辦人柳井正先生，為亞洲零售業最成功的企業家之一，更曾晉身日本首富，一直為本人摯友、重要客戶及商業伙伴。當柳井正先生知悉晶苑已妥善安排接班梯隊，感到非常欣慰與羨慕，並賜予摯誠祝福。

以賢為繼　啟永續經營

二、培養接班人梯隊

參與態度：鼓勵但不強迫

傳承家業　自由決定

> 羅太太常對羅正亮解釋：「你對家庭有多少貢獻，將來你就會有多少收穫。」話雖如此，羅太太卻始終任羅正亮自由選擇。

四名子女，各司各職

我育有三子一女，除長子羅正亮及四子羅正豪同在晶苑製衣集團工作外，尚有三子羅正達（Nick）管理地產部，女兒羅韵菁（Amy）在多倫多管理投資物業。由於大家並無從屬關係，可以避免在管理上有不同的意見。

羅正亮做到了長兄關懷弟妹之角色，而弟妹也很敬重這個大哥，他們兄友弟恭、相處融洽。除了在中小學有過些許吵鬧，他們大學畢業後竟從無爭論，一家和睦，其樂融融。而羅正亮與羅正豪同在製衣集團工作，也是兄弟二人商量的結果，這一切讓我和羅太太都十分欣慰。

父不強迫，母作鼓勵

與其他家族不同，我從沒有安排長子管理整個羅氏企業，對子女是否回晶苑工作亦不作要求。此舉避免增加他們選擇職業的壓力，也防止工作上各持己見而導致不和，導致

未來爭產。

羅太太一直希望長子羅正亮能進晶苑工作，從小已有心栽培，故由小學至中學時期，均安排他於暑假期間在公司工作，多接觸與了解晶苑運作。羅正亮因而曾向羅太太抱怨：「媽媽，我是沒有暑假的！」羅太太常對他解釋：「你對家庭有多少貢獻，將來你就會有多少收穫。」

話雖如此，但羅太太卻始終任正亮自由選擇。

羅太太的想法，與我實無二致，企業須傳承予德才兼備者，不能只因羅正亮身為長子即指定他必須繼承公司。假使他未備其才，絕不強迫接班，只會鼓勵他努力學習，培養興趣。

羅正亮暑期到工廠打工時，羅太太與我，都從不向同事明言其身份。記得他曾於包裝部工作，也曾遭人欺壓，被喝令搬運沉重貨箱，他卻一聲不吭，照舊工作，亦從未向我二人投訴。

他遠赴加拿大修讀經濟學和商科。畢業後，他一度考慮在零售業發展，我遂安排他去朋友的海外公司實習，體驗零售工作。最後，他認為於己不合，決定回港加入晶苑，自此一直工作至今。

夢想研製火箭的工業家

羅正亮談加入晶苑後的心路歷程

我小時候的理想，是做一個科學家，研究汽車、飛機和火箭之類。

爸爸從來沒有強迫我一定要回晶苑工作，甚至日常談話中，都沒有提及。他的態度是任由大家選擇，認為要看個人興趣，是否回家工作，都不太重要。如果大家都決定不回來的話，他會聘請職業經理人管理，反而是媽媽很鼓勵我回來。

當年我的理科成績不錯，去加拿大多倫多大學留學，曾經想修讀工程專業，做科學家實現理想。當時，媽媽並不贊成，結果我聽取了她的意見，選讀經濟學和商科。

我始終喜歡數學多一點，對商科興趣不大，所以常覺得課程沉悶，也不知所學有何用途。時至今日，我才知道當年覺得很沉悶的學問，其實非常實用。

到大學畢業時，我已經放棄了當科學家的想法，因為明白到即使可以研發火箭，都只能負責一個極微小的部分；縱能加入大企業工作，也只會是開發團隊的一分子，不易獨當一面。

參加實習，自知不足

畢業後，我曾嘗試做服裝零售或生產，想著憑藉晶苑的網絡和人脈，應能享有一定的優勢。如果貿然進入一個不熟悉的行業，沒有根基也沒有人脈，成功的機會就相對較小。

爸爸也很開明，通過他的關係，安排我到從事零售的朋友處實習。雖然我實戰經驗有限，卻發現自己剛完成學業，想擔當管理人，根本未裝備好，難以如Steve Jobs般歸零創業。體驗到自己的弱項後，我決定向爸爸說，想回晶苑工作，認真學習以增強實力。

我起初在晶苑工作，也相當辛苦。曾經有一段時間，我幹得並不開心，甚至想過放棄。但回心一想，這是我自己選擇的道路，不是爸爸強迫我回來的，我必須堅持下去，不應放棄。就這樣，我努力渡過了難關。

爸爸從沒有要求子女回晶苑工作，就算我身為長子，也從沒承諾能在晶苑被委以重任。我明白爸爸的想法，這純粹是一位無私的管理人處理企業傳承應有的態度。從我的角度而言，我認為他表現得相當出色。

家庭會議：奠定傳承的規則
放下身段　誠摯交流

> 除有志於為公司服務的子女外，其伴侶或任何
> 親屬，一概不能加入晶苑工作。此舉既可杜絕
> 公司內部親屬各據山頭、衍生黨派，又能作好
> 榜樣。個人無論身份、地位如何，都須憑藉表
> 現方能身登高位，這令公司管理更見公平。

家庭決議，選賢擇能

我認為家族傳承，最重要者的是傳遞正確的價值觀，教育後代待人處世的智慧。對我們家庭而言，傳承從不是敏感話題。如何傳承、何時傳承和傳承給誰，早有共識。

當年，我冀望能將自己對傳承之觀點清晰告知子女，遂召開一次家庭會議。會上，我明言企業傳承應選賢擇能，領導之位由有能力者擔任，並就親屬加入公司之想法，取得家人共識。除有志於為公司服務的子女外，其伴侶或任何親屬，一概不能加入晶苑工作。

此舉既可杜絕公司內部親屬各據山頭、衍生黨派，又能作好榜樣。個人無論身份、地位如何，都須憑藉表現方能身登高位，這令公司管理更見公平。

統一思想，和諧為上

我早與太太及子女統一思維：合則來，不合則去。目前，我無意於晶苑董事會架構以外設立家族辦公室管理家族生意，僅成

立一家族委員會，用以發展家族本身價值觀及智慧傳承。

如後代有意願兼有能力者，歡迎加入公司工作。若無志於此，則可只任股東，甚至另謀發展，公司可另聘專人管理。為免爭權奪利，破壞家族和諧，甚至可將公司直接售予他人，亦在所不惜。因為絕不值得為身外之物令家人矛盾橫生、反目成仇。

傳承梯隊，雖已有計劃，然未來變化實難預料，羅正豪以後是否仍能由孫輩傳承，目前言之尚早，要取決於羅正亮及羅正豪之觀點與決定。

子女親歷白手興家過程，尚能憶苦思甜、實幹奮鬥。孫輩年紀尚輕，未嘗創業艱難，須由第二代夫妻合力悉心培育，加上學習我輩智慧，方成大器。

長子非欽點，繼承非必然

羅正亮談家庭會議後的感受

在我決定加入晶苑工作後，已一心想成為爸爸的接班人。工作了五、六年後，更對接班有了心理準備。誰料爸爸卻在其時，召開了一次相當震撼的家庭會議，當時的情形至今我仍歷歷在目。

有一天，他集合了所有家庭成員開會，說想為家族訂立一些規矩，不過並非正式寫下的家規，而是希望我們兄弟姊妹要對企業傳承有一共識。

他當時明言，誰能坐公司最高領導者的位置，並非取決他是否姓羅，而是有能者居之。當時，我正和一群年齡差不多的同事，一起在公司力爭上游，表現還有點落於人後……

他對我說：「正亮，如果公司內有一位同事，各方面能力都比你優勝的話，你是否能接受自己退出公司，只做一個股東？或者能否以股東身份，協助一位非股東的領導做副手，甚至第三把手？你可有這個胸襟和量度？」

反省自身，查找不足

當時家中，並無其他弟弟妹妹表明想回公司工作，如果當初我加入公司時，他就對我明言，相信我

不會感到如此震撼。但當工作五、六年後，爸爸才向大家宣布，我內心亦有點兒不悅。於是，我心想：難道爸爸暗示我有不足之處，不能放心交棒？

起初，我的確有點兒想不通，心有戚戚數日之久。還好，我思想比較正面積極，最後還是想通了，爸爸的觀點其實是公平和公正的。

如果自己真有不足之處，就應該加倍努力。身為老闆長子，本身已享有不少特權和優勢，如果有同事的能力比我只高出少許，相信無阻我登上最高領導之位。但如果他比我優秀數倍的話，退位讓賢亦很應該，如此才合乎邏輯，並能照顧股東利益。

對我而言，退位讓賢雖有所失落，但對企業來說，選賢能者委以重任，卻是最恰當的安排，為「大我」設想，就應該接受。

自此，我給自己壓力，又給自己動力，我要百尺竿頭更進一步，做好自己。現在回看此亦非壞事，因為對自己有要求，人才會不斷提升進步。這次家庭會議，更助我培養出危機感，明白了成功非必然，對此後日常工作很有積極作用。

發展之路：不懈努力，目光長遠
汲取教訓　共同進步

> 羅正亮指出，對公司發展應具有長遠目光。明天計劃能否達成，雖未敢肯定，但對兩年後須達成之目標，卻大致有把握；五年內須達成者，應有九成把握；而10年目標，相信定能完全達到。

汲取教訓，不斷進步

長子羅正亮加入晶苑，於今已近30年。

生意及管理技巧，我能真正傳授予他的其實不多，因為我本身也是不斷由錯誤中學習的。更準確而言，我們父子二人其實都靠汲取經驗，不斷嘗試而進步。

上個世紀八、九十年代，公司所制定之業務目標，例如盈利、增長、管理等均偏低。達標容易，遂成錯覺，以為公司需要改進之處不多。

羅正亮學有所成，執行能力較我為高。他初入公司時，已對晶苑業務仔細研究分析，幫助我制定管理目標及發展策略。我們漸覺公司管理問題叢生，而且繁多瑣碎，卻苦無改善良策，更難以按部就班，設計改良方案。

當時，大家依據西方管理理論，參考成功運營案例，摸著石頭過河，設法改善管理，並定期檢討成敗，吸取教訓，予以

改進。日子有功，鍥而不捨之下，亦能摸索到不少管理技巧。

包容成長，漸有所成

經一事，長一智，羅正亮加入晶苑十多年間，進步明顯。

在他的成長過程中，我盡量以包容態度引導。若有一事，我認為對，他卻不認同，我會容忍待之，甚至他輕微犯錯我亦不氣憤。我只需最終印證我所提出方法正確，他就自能醒悟。任他先行自闖，有助建立領導所需自信與膽識。

羅正亮精於科學化管理，習慣於執行前先分析公司各項優勢及弱點，並通過調查，與市場中其他競爭對手比較，找準企業自身的市場位置、與龍頭公司差距等，然後以目標為本，制定拉近甚至填補彼此距離之戰略，提升公司競爭力。

公司發展步入軌道後，所定業務目標漸趨實際可行，更為長遠地推出五年及10年計劃，接著晶苑又配合應用平衡計分卡等工具，成功地由家庭式經營轉型為現代化管理。

羅正亮指出，對公司發展應具有長遠目光。明天計劃能否達成，雖未敢肯定，但對兩年後須達成目標，卻大致有把握；五年內須達成者，應有九成把握；而10年目標，相信定能完全達到。

有此精細計算，晶苑邁向世界第一之製衣企業，永續經營，均非空想。

師承家父，身體力行

羅正亮談父親的言傳身教

爸爸自小言傳身教，令我明白不少待人處事的智慧，可說是終身受用。以下為其中四個要點：

其一，不怕吃虧。有時即使你沒有吃虧，也沒有佔人便宜，但由於大家的觀點與角度不同，對方可能會認定你已經佔了他的便宜；甚至當你吃了虧，別人還會以為你已佔盡便宜。雖然如此，但若做人太過計算，特別是在人事方面，無時無刻錙銖必較的話，只會被朋友拋棄，每天都活得不開心。

其二，做人要彰顯適當形象。晶苑為製衣實業，企業領導者，不應予人玩世不恭、花花公子的形象，反須謹言慎行，某些場所不宜前往，某些鋒頭可免則免，以免影響個人形象，甚至引起客戶懷疑你做事的認真程度。

其三，重承諾。言出必行，持之以恆，能彰顯個人誠信。如領導者經常誇誇其談，只說不做，久而久之，將失下屬信任，令其陽奉陰違。因為公司政策朝令夕改，管理遂欠效率。故此，如欲上行下效，就必須言行一致，貫徹始終。

其四，充分授權。由於晶苑推行個人責任制，

管理層都能充分授權，同事可自主工作。對於授權，我深具信心。因為工作目標，通常在事前已與同事共同制定，公司亦擁有良好的管理及抽檢制度，加上團隊內忠誠老練者眾，所託之事終必妥當達成，毋須處處設限，破壞彼此互信。

隔代傳承：第2.5代接班人

悉心培育　弟承兄業

> 如何選擇下一任繼承者乃羅正亮任內之責。

交棒四弟，2.5代傳承

交棒予羅正亮後，我功成身退，與羅太太只分別保留公司董事會主席及副主席一職，並未參與公司決策。而如何選擇下一任繼承者乃羅正亮任內之責。

羅正亮所心儀者，乃其四弟羅正豪。羅正豪常笑言，他非晶苑第三代接班人，論資排輩，僅屬2.5代。而家族真正的第三代，尚在中小學校學習階段。

羅太太認為，羅正亮與羅正豪出生背景不同，雖均赴加拿大求學，同屬多倫多大學經濟學和商科畢業生，然羅正亮曾親睹晶苑創業，明白艱難所在；羅正豪出生時，晶苑業務已上軌道，雖不能說口含銀匙出生，但家境尚算富足，因而未經逆境考驗。所幸羅正豪現正隨企業內一強者工作，名為副手，實則亦師亦友。他亦能尊師重道，勤奮工作，用心學習，相信定能提升領導才能。

兄弟倆手足情深，感情融洽，現在羅正豪主要長駐內地工廠，如非要事只於週末返港。他畢業後，先加入花旗銀行工作，後來才回歸晶苑。雖然生於富裕環境，他卻肯為家庭放棄銀行高職，並甘願長駐小鎮廠房，忍受物質生活條件相對較低之苦，更與太太達成協議，在內地工作期間，太太及子女與我

們夫妻同住。

　　其實，兩位羅太太均不贊成他長駐內地，然羅正豪認定，中國為未來前途所在，他希望積累生產及管理經驗，其懂得為未來設想，大我為先之犧牲態度，令人欣賞。此舉亦令我對羅正亮能於15年後順利交棒予羅正豪，由第2.5代傳承企業更具信心。

第2.5代傳承人

羅正豪談自己的心路歷程

我是家中老么，性格向來低調。我自小與爸媽同住，兄姊早於中學時已去海外求學，大哥最早回港，與我共處時間最長，對我照顧有加。他之於我，一半像哥哥，一半像父親，所以我們感情最為深厚。

小時候，我常隨爸媽回廠，他們工作，我就自尋樂子，所以自幼即熟悉工廠環境。後來，我去加拿大讀書，大學主修經濟學和商科，因想學以致用，體驗一下不同行業，畢業後並未即時回晶苑工作，而是加入花旗銀行當見習管理人員。

當時，在公司部工作，晶苑也是花旗客戶，不過我早已向上申報，不跟進晶苑事務。銀行內常接觸不同企業的老闆或財務總監，當中不少人習慣頤指氣使、架子十足，待銀行職員如奴如婢，可以說我閱盡人生百態。

銀行有同事告訴我，晶苑老闆沒甚麼架子。我本來沒特別留意，但從別人口中聽見，想想也真是。爸媽不但沒架子，還很尊重合作伙伴，例如他們不懂打球，卻每年都親自參加銀行與紡織業聯會合辦的高爾夫球同樂日，只為尊重主辦單位，就給我很深刻的印象。

外闖五年，回歸晶苑

在花旗銀行工作五年，我希望轉換一下工作環境。當時我曾面臨抉擇，到底是應轉往其他銀行，還是回晶苑工作？

我起初有點擔心，晶苑會否像其他中資企業般因循守舊？故我曾與爸爸商量，聲明如果工作下來，發覺不合意的話，我會選擇離開。當時爸爸並不反對，於是我在2005年加入晶苑，不經不覺間已逾10年。

初進公司時，爸媽和大哥都提了不少建議，卻都不約而同地指出，最重要的是學會如何「處人」。

晶苑的管理風格，雖具傳統家族式生意的人性化，不過亦以現代化方式管理。在晶苑，我每日感到「大我為先、以人為本」的公司文化，四周同事都真心相信這套價值觀，而且身體力行。爸媽一如既往，完全沒擺老闆架子，也不是凡事「向錢看」；只要是他們認為正確的事，就會付諸實行。

做好自己，基層幹起

在晶苑頭半年，我先在內地工廠學習，又回香港做了一年銷售員，然後又長駐內地。一切工作都由基層開始，並沒有因為我是老闆的兒子，而有甚麼特別優待，此舉反而是件好事。

其實，媽媽亦曾對我說過：「你是老闆的兒子，是不可隱瞞的事實，但你要記著：如何令人不只當你是羅先生和羅太太的兒子，更是正豪你自己！」這句話常在我腦際縈繞，引以為鑒。

起初不習慣工廠環境，又要從基層職務做起，我有點兒適應不來，但卻從沒想過離開，因為一來答應了爸爸要在晶苑工作起碼五年，不能輕易就打退堂鼓；再者，要走也沒有特別的去處，於是唯有繼續奮鬥。幾年幹下來，習慣了，我不但不覺得辛苦，反而受企業文化感染，也開始感到自己是晶苑一分子，因此覺得自豪。

雄心始啟，當仁不讓

2008年，爸爸退休，由大哥接任集團行政總裁。當時我眼見不少同事的職位都開始向上移動，也真有更上一層樓的念頭。記得有一天，大哥找我，對我說希望我能成為他的接班人。我決定回晶苑時，也有點兒心理準備要繼承父業，因為晶苑給我的發展機會在外面絕難擁有，而爸爸和大哥亦有面對企業傳承的需要。

在深思熟慮後，我決定當仁不讓，承擔起傳承家族生意的重任。

雖然在年齡上，我順理成章可接哥哥的棒，然

而，我們彼此間早有共識，就是升職與否，還要看業績表現。

我相信作為家族成員，一定會比外聘者有優勢，機會也會更多。但如果真的不能勝任的話，爸爸和大哥亦絕不會因為我姓羅，就勉強讓我登上高位。屆時，我要有甘居次席、輔弼他人的心理準備。

龍舟比賽，頓悟領導之道

記得有一年，我代表花旗銀行參加龍舟比賽。在訓練過程中，我曾坐過龍舟的不同位置。第一次參加時，我坐在中間，只需跟隨隊友節奏劃行即可。翌年，我坐在第二排，也未感覺有何特別。

到第三年時，我坐在第一排上，便發現感覺完全不同。原來後面全體隊友都會跟隨我的節奏行動。如果我落槳欠佳，後面所有隊員落槳都會隨我一起錯誤。首排和次排的感覺，原來相差這麼遠，壓力也大得多。這種對領導之道的體會，令我有點兒惶惶然，但也給我帶來一種原動力，促使我培養好自己的心理質素，作好走到陣前領軍的準備。

喜遇恩師，學領導之才

無論爸爸或大哥，都沒有特別教導我管理學和領導力，主要是由現任上司黃星華領我前行。

　　黃星華在公司工作多年，由基層做起，一直憑個人實力打天下，現已是晶苑一家分公司的總裁，近年更獲邀成為執行董事。他是一位強勢領導，要求高、目標遠、韌力強，不過卻是講道理的良師。

　　他對我既有鞭策，也有鼓勵。每年他給我定出的業務目標都非常高，因此我工作上壓力不輕，但這反能激發我力爭上游，想具備贏得生意的實力。我始終對能否勝任最高領導有點兒擔心，但又不想居於次席。因此，我一直希望能掌握更多領導所需的軟實力，如領導才能、心理質素、領導魅力等。

　　黃星華本身就是一位強勢的領導者，其言傳身教，令我獲益良多。例如，他知道我性格比較低調，就故意派我訓斥犯錯的同事。當時，我經歷了激烈的內心掙扎，思量如何開口，最後還是鼓起勇氣去做。今時今日，能比當日堅強，不再怕事，正是他訓練有素的結果。

　　他也經常鼓勵我，由優良變成卓越，分別在於是否懂得打逆境球。打順境球人人皆可。處身逆境，就要靠自身韌力，要靠那股打不死的精神，也就是心理質素要高。企業如面對逆境，作為領袖，不僅自己要奮勇前行，還要帶領團隊走出窘局，這本身就要我有克勝困難的毅力和勇氣。

　　要成為領袖，還有很長一段路要走，但我會不斷學習和進步，力求能於大哥退休之時，勝任最高領導的位置。

以 賢 為 繼　啟 永 續 經 營

三、高瞻遠矚　永續經營

環球運作：分公司傳承重本地化
推本地化　發展人才

> 當本地員工目睹公司大力提拔內部同事，而非由香港空降領導時，工作則更見幹勁。因悉機會均等，遂更士氣高昂，力爭上游。

企業人才，當地培養

　　晶苑的業務遍布多個國家和地區，對各分公司領導而言，如何傳承，亦為一大挑戰。

　　分公司傳承，策略上應儘量培育當地人才。晶苑早在上個世紀70年代，已往多個國家和地區設廠，總結多年經驗，管理應盡量本地化，而非由總部派出大量員工。通常派駐當地者，僅為少數管理骨幹及技術專家。

　　以晶苑越南工廠為例，2014年營業額逾20億港元，聘用過萬工人，卻只派駐10位香港員工，其中主要為技術專家，管理人員僅兩三位。企業日常運作及管理，均盡量聘用當地專才，中層管理者則從內部選拔擢升。

　　近年，越南工廠始推生產儲備生計劃，聘用當地大學畢業生進行培訓。當中表現傑出者更已升任副總經理，為管理本土

化樹立典範。孟加拉工廠更已成為百分之百的本地化企業,並無香港員工派駐,連廠長亦為本地人。

製衣業一向青黃不接,管理人才短缺,故推本地化,能有助解決問題。我相信只要能在當地積極推行「大我為先、以人為本」的企業文化,就算管理階層完全由當地人出任,亦能培養出晶苑人特質,成為一支上下一心的團隊。

當本地員工目睹公司大力提拔內部同事,而非由香港空降領導時,工作則更見幹勁。因悉機會均等,遂更士氣高昂,力爭上游。以當地人才組成的企業管理層,在適當培訓下,其管理水平絕不遜於香港人才。

退休角色：危機守門員
讓出舞台　防患未然

> 我常明言，不在其位，不謀其政。對企業營運，我
> 只會從旁獻策，不作任何決定。

提醒眾人，角色改變

　　從2008年，我退下集團行政總裁的崗位，至今已八年。目前，我只任公司董事會主席，極少參與晶苑日常業務。為免於董事會內成為一言堂，我亦盡量減少發言，以免影響大家做決定。

　　羅正亮每遇大事，均先知會商議，參考我的意見，但我絕不替其決策。我常明言，不在其位，不謀其政。對企業營運，我只會從旁獻策，不作任何決定。既退其位，就應放手，公司一切管理概由接班者負責。

　　因此，我常提醒同事，我僅顧問一名，以免眾人認定我是「太上皇」，聽我所言才能一錘定音，不再向羅正亮或自己的直屬上司請示。對企業傳承而言，前任領導退而不休，絕非好事。

高瞻遠矚，啟示危機

　　晶苑創立已46年，我中間歷練不少，故能培養出敏銳的危機感。現在，我除為羅正亮出謀獻計外，還擔任危機預警角色，於危機未發生前，預先提醒羅正亮及管理層注意提防。

近年來，世界政治、經濟、社會局勢瞬息萬變，加上訊息傳播迅速，對人為錯誤、管理不善所產生的人禍，或是天災影響等，均須小心提防，更不應重蹈他人覆轍。因此，現任管理層需善用我輩之經驗、視野、對危機之敏感度，審時度勢，使公司防患於未然。

羅太太與我共同進退。原本她負責公司營運實務，包括行政、人事、財務、系統監控等，初時這些工作由羅正亮兼任，從2014年起，則由外聘集團首席財務總監負責。

名義上羅太太與我一同退下，實際她卻仍未能全身而退，目前她正為集團首席財務總監護航，並協助他適應本身角色，待其全面接手首席財務總監工作時方能真正退下。

羅太太與我均已於2015年後全面退休，專心從事慈善工作。而晶苑則在第2代、第2.5代管理下勵精圖治，永續經營，邁向世界第一。

跋 ── 附錄 ── 鳴謝

跋

附錄

鳴謝　　　337

兼容並蓄，獲益良多
向曾啓發我者致意

　　晶苑所以能發展出「大我為先」的理念，其實和我的先天性格、生活背景、周遭環境，人生歷練等不能分開，所經大小事、所遇各式人，均有助啟發思維，令我獲益良多。謹此向以下對我影響最大的幾位良師、益友、摯親致以衷心謝意。

羅定邦先生

　　我父親羅定邦先生，自小對我信任有加，授權照顧弟妹，甚至放心讓我一人帶領弟妹遷居調景嶺；其放權信任、鼓勵我獨立自強的態度，對我影響殊深。

　　於父親所辦工廠工作期間，他除自行管理生產外，其他一切事務，由銷售、接單、送貨、收款，均交我一力擔當，助我熟悉工廠各種運作；而於我自立門戶時，更曾出資入股，助我成功創業。

　　他常常鼓勵子女：「我們姓羅的，是行的！」令我充滿信心和鬥志。

　　我亦極為欣賞父親樂善好施之心。他捐助貧苦大眾，在國內興辦多家學校，常予我「取之社會、用之社會」的教誨。以父為範，尤其是自己讀書不多，更明白教育之重要，故亦多作助學、敬老與扶貧善工。

　　父親晚年罹患癌症，雖知他非常痛楚，但卻表現堅強、忍

耐，在人前從不言苦，令我非常敬佩。

柳井正先生

　　柳井正先生是晶苑的重要客戶，也是我最尊重的朋友，他不但支持我們的生意，更重要是影響了我們的思維模式，當中包括八大項：

1. 注重消費者之利益、對消費者負責任之態度。以相宜價，高品質，提供任何人都適合之時尚產品。

2. 對品質要求比其他任何服裝品牌零售商為高。

3. 夢想Uniqlo成為世界第一的服裝零售品牌，在他努力堅持下逐漸成功。

4. 對自己及團隊，包括供應商之要求很高。

5. 不說花言巧語，守承諾、言出必行。

6. 他視供應商為戰略性夥伴，他對工廠採取負責任的態度。大家有商有量，生產有計劃，實事求是；他們團隊對工廠的能力很了解，而我們工廠也針對Uniqlo的要求不斷改善，令他無後顧之憂。

7. 九敗一勝之精神。

8. 永遠在尋求創新，尋求突破。

Martin Trust先生

　　Martin本為晶苑的客戶，後成了在中國設廠的合作伙伴。透過合作，他的公司以極高透明度管理，甚至我們視為商業秘密者，包括利潤等敏感資料都可在年會上公開談論，讓我見識到其中優秀之處。見賢思齊，晶苑亦因此邁向企業化管理。

美國前副總統戈爾先生（Albert Arnold Gore Jr.）

當年在飛機上，看到由他主持的紀錄片《絕望真相》，講述氣候變化對全球環境和氣候的影響，令我深感推行環保之迫切，因而走上可持續發展之路。

羅蔡玉清女士（羅太太）

她是我最重要的親人，一直支持我，妥善照顧家庭及公司。

在公事上，她是一位作風穩健的人，以嚴謹管理把公司財務奠下穩定而健康的基礎；私底下，她是能幹的賢內助，把家庭照顧得井井有條，培育三子一女成才。

我特別感謝她，願意事事以我為先，並為我而改變自己；她認同「大我為先」的理念。在她支持下，晶苑由一間家庭式經營的公司，成功轉型為一個現代化管理的跨國企業。

羅正亮（Andrew）

我的長子，現在是晶苑的集團行政總裁。他屬穩中求變的人，期望明天會比今天更好。他的執行力非常強，所推數據化及科學化管理，正好與我的願景配合。他以現代化管理方式，制定切實可行的五年及10年計劃，令晶苑逐步實現成為世界第一製衣企業的願景。

羅正豪（Howard）

我的四子，將會成為Andrew的接班人。他心地善良，智商與學習能力均高，待人處事很有耐性，常常正面積極地對待問題，甚至不介意吃虧。

　　他從小是「問題兒童」，經常發問；卻不時充當家庭關係的潤滑劑，以化解我與羅太間的矛盾。他甚至常提醒我身為一家之主，要有承擔，要為家庭和諧努力及盡責。

供應商論晶苑

德永佳集團有限公司董事長潘彬澤先生

我們和晶苑合作了很多年,主要是為他們供應布料和棉紗。

我很欣賞羅先生為人處世的態度。他對家庭、朋友和合作伙伴,非常真誠,用心和人合作,事事清清楚楚,不會弄虛作假。而且,他做事認真、執著,能吸取別人長處,為晶苑建立企業文化,更做出了成績,真的非常了不起,令人佩服。

晶苑一向尋求雙贏,有利可圖之餘,也希望供應商可以賺錢。合作時如遇上困難,晶苑會協助我們一起解決,而不是一面倒地推卸責任或是責備。這是晶苑一個很強的特徵,市場上少有。

製造業中,管理人才和技術人才都有斷層,晶苑不停地培訓新人作儲備,是很有遠見的做法,而且他們也做得很認真。

晶苑和德永佳不同,我們走多元化業務路線,他們專注於製衣業。他們的競爭力在於效率,他們的團隊能快速應變、準時交貨,我到過中山牛仔褲廠參觀,發現他們的水平非常之高。

晶苑對品質的追求,也令人佩服。日本市場的要求一向非常高,如果產品能進入日本市場,其他市場也可駕輕就熟。日本的品牌其實也不易在內地找到高水準的製衣廠,相信與晶苑的合作關係,只會變得愈來愈牢固。

互太紡織控股有限公司主席兼執行董事尹惠來先生

羅先生很願意和人分享理念，甚至主動幫助商業伙伴做培訓。當年我第一次接觸羅先生時，正在另一家公司工作，還接受過他的培訓。羅先生當時談的是第一次就把事情辦妥、溝通須快速回應等管理知識，令工科出身的我，受到很深的啟發，對我日後的發展非常有用。

時至今日，我們在生產過程中堅持一次做妥染色工序，既能節省翻工的時間和成本，也能令廠房的產能發揮得更有效率。遇上問題時，我會先了解問題所在，然後想辦法解決，時間一久，自然就能提升效率，做到第一次即妥善完成工作。以往我們的翻修率達30%以上，現在只是百分之一點幾。

創業後，我再遇羅先生，他又派同事義務為我們兩次分享「七習慣」的體驗，然後大家就多了業務往來，在孟加拉及越南均有合作項目。

我們相信，晶苑的確可以邁向世界第一，因為他們的準備工夫做得妥當，而且推行產銷合一，令競爭力得以提升。我們也會盡力配合，希望大家都能共同進步，邁向同一目標。

台灣欣明實業股份有限公司董事長
何百欣先生

我和羅先生及晶苑合作了30多年，關係很密切。雖然我已退休，但大家還是很好的朋友。

羅先生的行事作風，真的能影響到整個公司的運作。他做事不緩不急，處處尊重人，事事講究溝通。有一次，我到晶苑談生意，發現羅先生實行走動式管理，他會在不影響同事工作的情況下，走進工廠或辦公室，找同事談話。我親眼目睹很多不同職級的員工，加入晶苑後，慢慢被公司的文化同化，融入團隊中去，真的很難得。就算是離開了再回來的同事，也能很快建立團隊精神，因此做起事來，就無往而不利。

企業的信念和核心價值很重要，晶苑就做得很好。現在的兩位接班人羅正亮和羅正豪，我認為他們和羅先生的觀點一致，都很重視團隊和企業文化，相信晶苑未來的發展，定可更上一層樓。

由於供應商眾多，未能盡錄。

商業伙伴論晶苑

行業商會：

香港紡織業聯會名譽會長、
美羅針織廠（國際）有限公司董事總經理
林宣武先生

記得有一次我和羅先生一起去北京，他之前在美國用了不少資源找顧問公司研究美國市場，但卻願意無私地將顧問公司的研究結果和建議，與北京的官員分享。

晶苑在美國的律師團隊龐大，當商會想諮詢與中美貿易相關的法律問題時，只要一找羅先生，就算明知與生意無關，他也樂於回應，願意無私地找自己的律師協助，而且從來不需要我們向國家部門透露是他幫的忙。

羅先生每年都會和家人回加拿大，順便放假休息。據他說，放假期間他絕不理會公司事務，甚至有空也不瀏覽電子郵件。試想，如果老闆可以兩三個星期不出現，而公司仍能如常運作，可見管理團隊已經非常成熟，人人都可以獨當一面地妥善處理公司事務。對華資企業來說，是真的很不簡單。

晶苑的接班人羅正亮，在羅先生和羅太太的教導下，根基很扎實。不過由於羅正亮實在非常忙碌，以致未能撥太多的時間，為行業商會出力，真是有點兒可惜。

行業培訓機構：

製衣業訓練局總幹事
楊國榮教授

製衣業仍然是香港一個很重要的行業，只是生產基地不在香港。當年香港製衣業受配額保護，配額制度取消後，很多公司都未能成功轉型，導致發展受到限制。而晶苑正是成功轉型的典範，受到業內尊敬。

晶苑的管理完善，不僅體現在日常管理層面，在策略上亦很明白要走的方向。羅先生這一點很強，是一位真正的領袖。

除策略外，晶苑還擁有完善的執行管理系統，以及高度標準化及透明度的制度規範，使得晶苑在擴張時有很大的優勢。例如開設新廠時，晶苑只需將原有系統複製到新廠房便可以；在勞動人口充沛的地方擴張，也可解決擴充的限制。

現在，行業已能系統化地培訓製衣工人，例如製衣業訓練局只需一個星期，就可以令一名新手，變成具備適當生產力的製衣工人，所以只須有足夠的訂單，在系統方面可以複製、而工人也可通過適當培訓的情況下，擴張業務便能得心應手。

業務夥伴：

匯豐銀行工商業務主管
陳棣才先生

晶苑挑選合作的銀行非常嚴格，但卻會和銀行建立長遠的策略性伙伴關係。匯豐銀行從1976年開始，就與晶苑一直合作至今天。令我印象深刻的是他們非常注重誠信，言出必行，說了的話就一定會做到。

銀行在考慮融資時，會衡量客戶的營運風險、市場風險和財務風險，還要考慮他們的業務前景。對於晶苑，我們認同其信譽昭著。由當年在毛里裘斯建立海外廠房、2004年收購英國的馬田國際控股，到近年在越南投資設廠，我們都有支持。在英國的收購，我們更啟動國際網絡為他們在當地融資。

晶苑給我們的印象，是他們具備市場地位，也注重品質，因此吸引了眾多名牌客戶，而且生產量很大。他們一直堅持踏實作風，目標非常清晰，而且專注本業，不會突然投資在非核心業務上。他們真正有需要才會要求融資，沒有需要的話，有額度也不會隨便使用。

平時，羅先生很樂意與別人分享他的理念、哲學、待人處世的態度、對同事的觀點等，因此我們對晶苑的文化相當了解，而他們的數據化管理、十年計劃等，我們都由衷欣賞。

　　最令銀行放心和他們合作的地方，是他們的接班安排。經過長時間的策劃和鋪排，晶苑的交棒變得非常順暢。羅正亮和羅樂風先生的思路相當一致，能準確把握業務的發展方向；管理策略有延續性，理財同以穩健為原則，令匯豐放心地繼續支持晶苑的發展。

由於商業夥伴眾多，未能盡錄。

晶苑人談晶苑

東莞T裇廠女工友們

晶苑的工廠在管理上，例如流程的管理上都比較專業，其他工廠就亂七八糟。這裡的福利不錯，工作量充足，而且講求效率。只要我們肯用心工作，保持效率，收入都很穩定，很多外地來的車間同事，都能工作超過十年以上。而且這裡的上司都很好，有甚麼事都可以直接和他們說，沒有隔膜。

越南G8／G11項目部分當地員工

G8/G11項目指越南T裇及毛衫廠本土化人才發展計劃，目的是培育及發展當地人才成為未來管理層的接班人。G8是未來當地領導層的培訓計劃，G11是中層管理人員的培訓發展計劃。參與G8/G11項目的員工在三至五年培訓完成後，有機會升職至助理經理的位置。

- ◆ 當我加入晶苑後，遇上了很多有才幹的人，並可以學到很多新的東西。差不多整個公司的人，都受到晶苑的文化薰陶，大家做事和說話都同一口徑，我們經常說晶苑是我們的第二個家，大家緊密合作，一同學習和進步。

- ◆ 我對晶苑印象最深刻的，是培育人才的文化。我曾經在一家韓國公司工作，他們不會培育任何人。在晶苑就不一樣，我可以一面工作，一面發展自己的潛能，而且上司都很專業，培育我們時也很用心。

- ◆ 在晶苑工作真的很不同，我現在有權在工作範圍內作決

定，不過也要承擔責任。這裏有真正的團隊合作，起初要和人分工合作，的確會有點兒複雜，但當大家有了默契以後，工作就變得很暢順了。

◆ 晶苑的文化不是秘密，我們是用解釋、認同，而不是以強迫的方法，要求員工遵從公司的政策。當有新人加入時，晶苑的工作方式和他之前的可能不大相同，我們就會好好地照顧和教育他。因為我們生產每件成衣都有系統地進行，而早在他們見工時，就已經接觸我們的系統了，入職後經過培訓，就更易適應，因此大家都可以按照既定工序做好工作。

◆ 我經常聽到羅先生和羅太太對同事們說「多謝！」，逐一和我們握手，然後很誠懇地交談，令我覺得很受鼓舞。

雷春（中山牛仔褲廠宣傳部經理）

我覺得晶苑是一個讓你的價值能夠得到體現的地方。這裏有包容的胸懷，如果你有能力，就能讓你有發揮的空間，這點是很多企業做不到的。

譬如說像我們做文化工作的，公司會給我們一個很寬鬆的環境，像我們的報紙雜誌，管理層只給了我們一個目標，就是向員工傳達正能量。這是一個方向，我們只要把握這個方向，內容都由我們設定，公司不會給我們其他的規限。

龐永貴（東莞T裇廠生產部助理總經理）

我在1997年加入晶苑，由組長做起，已工作了10多年。我對晶苑的感覺，最深刻的是「以人為本」，晶苑對待員工收入問題上很公平公正。羅先生也常親自來講解「以人為本」的理念，他認為員工是財富，而非賺錢的工具。記得第一次到羅先生香港的家中，他知道我是第一次去，就親自帶我參觀，並跟我談了近兩個小時。他真的和其他老闆很不同。

我們的「以人為本」，是有實際行動的，而不只是一個口號。很多公司都說關愛員工，但我們很早便有實際行動，例如成立了關愛中心，專門替女工友做心理輔導，給同事傾訴的機會。

黃綺麗（T裇及毛衫部採購助理總經理）

我身體有點兒毛病，有時不能坐飛機，但因為我做銷售工作，要經常與客人見面商談，就顯得很不方便。我曾經與不少上司合作，他們都很體諒我的情況，有時見到我不舒服，甚至會代我坐飛機去見客人。有一次，羅先生和我說話，還問候我的身體情況。其實以晶苑這樣的規模，公司根本不需要理會這些小事，但上司和我們整個團隊都互相關懷，所以我在晶苑一直工作得很愉快。

張榮華（Johnny Cheung，越南內衣廠總經理）

晶苑對人的關懷，最令我印象深刻，甚至連老闆亦肯親自去推動。羅先生用心關愛員工，這樣的例子實在很多，有時會在一些不經意的情況下流露出來。例如羅先生和羅太太會親自和同事一起參與義工服務，工作很認真，而不是裝

模作樣的。晶苑對人的重視,是以人為核心的,而且不是光說,而是很用心的去做。

李玉心(Ada Li,牛仔部銷售及運營副總裁)

我在1984年左右加入晶苑,現在和以前有很大的分別。

當年是羅先生、羅太太說了就算,就算大家有不同的意見,也未必敢提出來。後來開始推行公司文化,羅先生用的策略是先培訓部門的主管,讓大家先接受了,再由主管一級一級向下推。同時,他又身體力行地去推動,所以成功地建立起大家都能認同的企業文化,實在難能可貴。

記得有一年,我剛剛升職為經理,毛里裘斯工廠生產的一批短褲被客戶投訴。因為當年的品質標準尚未建立,所以我需要在美國境內四處飛來飛去地驗貨。當時,我只是告訴了羅先生一聲,羅先生就讓我去負責,四處飛的機票也是由公司承擔,羅先生並沒有特別過問。他對我的信任,我現在還記得很清楚。

林寶(Anthony Lam,T恤及毛衫部財務副總裁)

遇到問題時,公司不會先找人揹黑鍋,管理層也不會大發雷霆。相關部門通常會先承擔責任並道歉,然後一起想辦法解決問題。因為我們勇於面對自己的問題,而不是先找出別人的錯處,我們的效率就會比別人高。再者,如果我們願意首先找出自己的問題並道歉,而不是把責任推給別人,別人見到我們這樣客觀,也願意一起合作把困難解決。

陳貴生（Richard Chin，越南T裇及毛衫廠生產及營運副總裁）

有人說對員工要用強硬手法去管理，而在晶苑則以較軟性的管理模式。事實上，我軟硬兩種方式都試過。以往用強硬的方法，總是衝不破一些難關，後來我發現原來瓶頸其實就是自己。進了晶苑之後，我改用軟性方式，基本上我用力不多，但業績卻自然地出來了，這證明用較軟性的方法去管理及鼓勵，效益比較明顯。

羅先生與眾不同，外面的老闆認為給員工一個合理的待遇，員工就要為你賣命，做得好是應該的。羅先生的想法就很不同，他會去關心員工，照顧大家的心靈需要。

盧永盛（Eddie Lo，內衣部總裁）

晶苑是一家可持續發展的公司。無論是員工的職業前途，還是公司的業務，都堅持可持續發展方向。

羅先生經常問同事：甚麼時候可以做到世界第一？他並不是給我們壓力，而是希望大家反省有哪些地方可以改進，例如生意的模式、利潤、管理方式等。

晶苑很重視員工的生活需要，由於我們的行業工人眾多，需要花費較多的時間去計算每個人的工作量，某些工廠發薪就會因此延誤，但晶苑卻規定，一定要準時發工資給員工，不可延誤，並且真的做到了這點，故此很受員工歡迎，對降低離職率很有幫助。我們對供應商也一樣，只要對方沒有差錯，我們一定準時付款，因為現在電子系統很先進，資料輸入電腦後，就可以很快做到。

由於員工眾多，未能盡錄。

鳴 謝

感謝以下各位對本書編撰工作之支持，排名不分先後。

- 柳井正先生——日本迅銷（FastRetailing）有限公司主席兼首席執行官。

- 陳裕光博士——大家樂集團前主席、傳承學院榮譽主席、美國《商業周刊》「亞洲之星」大獎得主。

- 陳志輝教授——香港中文大學市場系教授、逸夫書院院長、行政人員工商管理碩士課程主任。

- Martin Trust先生——前萬事達（遠東）有限公司主席、Trust Family Industries Ltd.主席。

- 潘彬澤先生——德永佳集團董事長。

- 尹惠來先生——互太紡織控股有限公司主席兼行政總裁及執行董事。

- 何伯欣先生——欣明實業股份有限公司董事長。

- 林宣武先生——香港紡織業聯會名譽會長、美羅針織廠（國際）有限公司董事總經理。

- 楊國榮教授——香港製衣業訓練局總幹事。

- 陳樑才先生——匯豐銀行工商業務主管。

- 《大我為先》晶苑集團出版督導委員會成員：羅蔡玉清、羅正亮、王志輝、黃星華和鄭倫敦。

◆ 《大我為先》晶苑集團出版工作小組成員：劉炳昌、丁自良、趙玉燁、黃綺麗、黃敏儀、雷春、劉朝輝和莫美寶。

◆ 及晶苑集團內曾接受本書編撰者訪問數十位的管理人員及員工。